Horst H. Geerken

Die Funkstation Malabar

FSC
www.fsc.org
MIX
Papier aus ver-
antwortungsvollen
Quellen
Paper from
responsible sources
FSC® C105338

Horst H. Geerken

Die Funkstation Malabar

Vor 100 Jahren, 1922, wurde die erste
stabile Funkverbindung zwischen Südost-Asien
und Europa in Betrieb genommen

A BukitCinta Book

Bibliografische Information der Deutschen Bibliothek:
Die Deutsche Bibliothek verzeichnet diese Publikation in der
Deutschen Nationalbibliografie; detaillierte bibliografische
Daten sind im Internet über http://dnb.dbd.de abrufbar.

Umschlaggestaltung: Horst H. Geerken
Foto Umschlag Vorderseite: Archiv Tropenmuseum Amsterdam,
CC BY-SA 3.0, https://commons.wikimedia.org/w/index.php?curid=8603409
Foto Umschlag Rückseite: Regina P. Tothill
Layout und Design: Barbara Bode
Lektorat: Michaela Mattern, Barbara Bode
Gesetzt in Adobe Garamond Pro

Verlag: BoD · Books on Demand GmbH, Überseering 33,
22297 Hamburg, bod@bod.de
Druck: Libri Plureos GmbH, Friedensallee 273, 22763 Hamburg

ISBN: 978-3-8192-8023-8

Inhaltsverzeichnis

1. Dank

Meinem langjährigen Freund Jürgen Graaff danke ich sehr herzlich für Informationen zur TELEFUNKEN-Sendetechnik. Wir kennen uns seit Ende der 1960er Jahre, als er in Indonesien für verschiedene TELEFUNKEN-Senderprojekte tätig war. Später wurde Jürgen Vertriebsdirektor und danach, bis zu seiner Pensionierung, Geschäftsführer der ‚TELEFUNKEN Sendertechnik GmbH‘.

Jürgen Graaff verwahrt eine wertvolle sogenannte ‚Historische Senderliste‘, die ich für meine Recherchen immer wieder einsehen durfte. Außerdem half er mir, alte Ausgaben der TELEFUNKEN-Zeitung aufzufinden und er stellte mir interne Berichte von Mitarbeitern zur Verfügung, die damals an dem Projekt Malabar beteiligt waren.

Ganz besonders dankbar bin ich Cornelia Biegler-König. Sie hat mir über spezielle Kanäle Unterlagen aus Archiven besorgt, die ich trotz intensiver Suche nicht finden konnte.

Auch danke ich allen indonesischen Funkamateuren, zu denen ich einen persönlichen Kontakt habe und die mir Informationen zum heutigen Zustand der Funkstation Malabar zukommen ließen.

Die TELEFUNKEN-Zeitung jener Tage war die wichtigste Quelle meiner Recherchen, zum Beispiel die Ausgabe Nr. 22 vom März 1921:

Abb. 1-1, TELEFUNKEN-Zeitung, Nr. 22 vom März 1921

Ich danke dem ‚Radio Museum'[1], weil es bereits einen großen Teil der alten TELEFUNKEN-Zeitungen digitalisiert hat und diese im Internet frei verfügbar sind, und dem Tropenmuseum in Amsterdam, aus dessen Archiv ich für dieses Buch viele alte Fotos über Radio Malabar erhalten konnte.

Mein besonderer Dank gilt auch Michaela Mattern und Barbara Bode, die mir – wie in den vergangenen Jahren – durch ihr Lektorat sowie mit Rat und Tat eine große Stütze waren.

Im Frühjahr 2022
Horst H. Geerken

---

1   www.radiomuseum.org

2. Vorgeschichte

Ab 1963 lebte ich 18 Jahre lang in Indonesien. Ich war als Resident Engineer für einen deutschen Konzern auf dem Gebiet der Starkstrom- und Nachrichtentechnik tätig. Eines Tages – es war Ende der 1960er Jahre – machte ich einen Ausflug in die Berge südlich von Bandung, um zu schauen, ob noch irgendwelche Überreste der Funkstation Malabar auf der Insel Java zu finden sind. Die Station wurde in den Jahren 1920 bis 1923 von TELEFUNKEN-Berlin für die niederländische Kolonialregierung errichtet. Durch meine Tätigkeit als Ingenieur der Hochfrequenztechnik und als passionierter Funkamateur war ich natürlich an allem interessiert, was mit Funktechnik zu tun hatte. Aber bevor ich auf meine Suche in einem späteren Kapitel zurückkomme, möchte ich zunächst etwas über die interessante Vorgeschichte der Funkstation berichten.

Heinrich Hertz hatte 1886 die Existenz von elektromagnetischen Wellen nachgewiesen und somit die Möglichkeit für eine drahtlose Telegrafie eröffnet. Anfang des 20. Jahrhunderts war diese junge Technologie spektakulär, da durch sie die störanfällige drahtgebundene Telegrafie über Seekabel und Überlandleitungen ersetzt werden konnte. Anfangs konnten allerdings nur Morsezeichen über kurze Entfernungen übertragen werden, Sprache nicht.

Es war der Deutsche Kaiser Wilhelm II., der anregte, dass die beiden Elektrokonzerne Siemens & Halske und AEG, die Allgemeine Elektrizitäts-Gesellschaft, am 27. Mai 1903 in Berlin gemeinsam die ‚Gesellschaft für drahtlose Telegraphie mbH., System TELEFUNKEN' gründeten. Grund dafür war, dass ein Telegramm des Kaisers von einer Marconi-Station auf der Nordseeinsel Borkum zurückgewiesen worden war. Die englische Gesellschaft ‚Marconi International Communication Company', die drei Jahre vor TELEFUNKEN gegründet worden war, vermietete Schiffs- und Landfunkanlagen einschließlich des Bedienungspersonals. Den Funkern war strengstens untersagt, Anrufe von Stationen mit Sendeeinrichtungen anderer Firmen zu beantworten. Aus diesem Grunde wurde auch das Telegramm des Kaisers nicht angenommen und weitergeleitet. Daraufhin wollte der Deutsche Kaiser der Marconi-Gesellschaft nicht das Monopol für die Funktechnik überlassen. Nach diesem Zwischenfall wurden in Deutschland alle Stationen mit Marconi-Geräten geschlossen und mit Geräten von TELE-FUNKEN ausgerüstet. Es war ein harter Konkurrenzkampf zwischen Marconi und TELEFUNKEN, der zu einem langjährigen Patentstreit führte.

Gesellschaft für drahtlose Telegraphie m.b.H

System Telefunken

entstanden aus den funkentelegraphischen Abteilungen der Allgemeinen
Elektrizitäts-Gesellschaft (System Slaby-Arco) und Siemens & Halske
(System Prof. Braun und Siemens & Halske

Zentralverwaltung: Berlin SW 11, Hallesches Ufer 12/13

Fernsprecher: Amt Nollendorf Nr. 3280–89

*Abb. 2-1, Entstehung der
TELEFUNKEN GmbH[2]*

Abb. 2-2, TELEFUNKEN-Werbung, 1920[3]

Professor Dr. Karl Ferdinand Braun
und sein Schüler Dr. rer. nat. Jonathan Zenneck waren Mitbegründer
der TELEFUNKEN-Gesellschaft.
Beide reisten kurz vor dem Ersten
Weltkrieg nach New York, um in den
dortigen Verhandlungen im Patentstreit mit Marconi die Firma TELE-
FUNKEN zu vertreten.

Schon bald war der Name
TELEFUNKEN für deutsche Funk-
und Nachrichtentechnik auf der
ganzen Welt bekannt, besonders als
TELEFUNKEN bereits 1909 das Patent für Elektronenröhren von Robert
von Lieben erwarb und nun mit Sendern auf dieser Basis experimentierte.
Im selben Jahr erhielten Professor Dr. Braun von TELEFUNKEN und der
Italiener Guglielmo Marconi als Anerkennung ihrer Verdienste um die Entwicklung der drahtlosen Telegrafie den Nobelpreis.

Außer der Konkurrenz mit Marconi gab es auch noch einen anderen
Grund, weshalb sich der Kaiser für eine unabhängige deutsche Gesellschaft
für Funktechnik einsetzte. Anfang des 20. Jahrhunderts hatte Deutschland
noch Kolonien in Afrika und im Pazifik, deren engere Anbindung an das
Heimatland mittels der von Seekabeln unabhängigen Funktelegrafie ge-
wünscht wurde, denn zum Ärger des Deutschen Kaisers wurden die Seeka-

---

2   Aus der TELEFUNKEN-Zeitung Nr. 22 vom März 1921
3   Ibid.

bel meist von den britischen Konkurrenten verwaltet und kontrolliert. Das Deutsche Reich wollte nicht mehr auf den guten Willen einiger weniger Kabel-Monopol-Gesellschaften angewiesen sein. Allerdings konnten damals so große Entfernungen mit den zunächst entdeckten Längstwellen noch nicht überbrückt werden. Man kannte die physikalischen Prinzipien der Wellenausbreitung noch nicht. Die bisher noch unbekannten und ‚nutzlosen‘ Kurzwellen wurden Funkamateuren und Bastlern als ‚Spielwiese‘ überlassen.

Die TELEFUNKEN GmbH war Anfang der 1920er Jahre bereits weit verzweigt und auf der ganzen Welt vertreten. In vielen Ländern gab es bereits eigene Fertigungsstätten.

Zweiggesellschaften:

Amalgamated Wireless Co., Sydney
Deutsche Betriebsgesellschaft für drahtlose Telegraphie m. b. H., Berlin
Deutsche Südsee Gesellschaft für drahtlose Telegraphie A.-G., Berlin
Drahtloser Übersee-Verkehr A.-G., Berlin
Société Anonyme International de Télégraphie sans fil, Brüssel
Telefunken Ostasiatische Gesellschaft für drahtlose Telegraphie m.b.H., Shangha

---

Technische Büros
angegliedert an verwandte Gesellschaften in:

Buenos Aires [Siemens-Schuckert Ltd. Seccion Siemens & Halske]*)
Helsingfors [AEG Helsingfors]
Konstantinopel [Siemens-Schuckertwerke]*)
Kristiania [AEG. Eletricites Aktieselskabet]*)
London [Siemens Brothers & Co.; Ltd.]*)
Madrid [AEG. Thomson Houston Ibérica]*)
New York [Atlantic Communication Co.]*)
Peking [Siemens China Co.]
Rio de Janeiro [Compania Brasileira de Electrcidade Siemens-Schuckertwerke]
St. Petersburg [Russische Elektrotechnische Siemens & Halske A.-G.]*)
Shanghai [Siemens China Co.]
Stockholm [AEG Electriska Aktiebolaget]*)
Sydney [Australasian Wireless Co.]*)
Wien [Siemens & Halske A.-G., Wienerwerk]*)

*) Mit eigener Fabrikation

Vertretungen in:
Amsterdam – Athen – Bangkok – Batavia – Belgrad – Bogota – Brüssel – Bukarest – Caraca
Guayaquil – Habana – Helsingfors – Johannesburg – Kopenhagen – Lima – Manila – Mexik
Montevideo – Paris – Rotterdam – Santiago – São Paulo – Sofia – Tokio – Valparais
Zentral-Amerika – Zürich

Abb. 2-3, Wie weltweit verzweigt TELEFUNKEN 1921 schon war, zeigt ein Ausschnitt aus der TELEFUNKEN-Zeitung vom März 1921

Bereits vor und während des Ersten Weltkriegs gab es einen verbissenen Patentstreit und großen Konkurrenzkampf zwischen Marconi und TELE-FUNKEN, sowie einen Wettstreit über die Technik, mit der das beste Ergebnis zu erzielen sei. Die einen, wie Marconi, sahen die Zukunft in einem Lichtbogensender nach dem System Poulsen, die anderen, vertreten durch TELEFUNKEN, in Hochfrequenz-Maschinensendern. Nun habe ich schon mehrere Fachausdrücke erwähnt. Mit der Funktechnik wenig vertraute Leser finden in Anlage 2 einen Artikel, in dem Dr. Graf Arco die Unterschiede der verschiedenen Sendetechniken – Knallfunkensender, Lichtbogensender, Poulsen-Sender, Röhrensender – erläutert.

Mit Maschinensendern konnten nur niedere Frequenzen erreicht werden, Lichtbogensender hatten dagegen einen äußerst geringen Wirkungsgrad, konnten die Frequenz nicht stabil halten und hatten ein breites ‚schmutziges‘ Frequenzspektrum, sodass sich benachbarte Stationen gegenseitig störten. Trotz dieser Nachteile setzte man in den Vereinigten Staaten auf den Lichtbogensender, da mit diesen Frequenzen bis zu 280 Kilohertz erzielt werden konnten. Dies entsprach einer Wellenlänge von 1,07 Kilometern. Der Lichtbogensender wurde nach seinem Erfinder Valdemar Poulsen auch Poulsen-Sender genannt. 1915 verkaufte Poulsen sein Patent an die englische Firma Marconi. Bis zu diesem Zeitpunkt waren Poulsen und Marconi Konkurrenten gewesen, auch diese beiden hatten sich um das Patent gestritten.

Am 15. September 1915 lautete die Schlagzeile in der ‚New York Times‘:

MARCONI ABSORBS RIVAL:
Poulsen Rights in England Acquired by Wireless Corporation.
When the suit of the Marconi Company against the United Wireless Telegraph Company for alleged infringement of patent rights was called for trial yesterday before Judge Hough in the United States District Court it was announced that in consequence of a settlement being reached between the two corporations the United concern would make no defense, and would consent to the granting of the decree in favor of the Marconi Company. [...]

TELEFUNKEN gründete 1918 gemeinsam mit der AEG und Siemens & Halske die Aktiengesellschaft ‚TRANSRADIO, Drahtloser Übersee-Verkehr AG‘. Die Gesellschaft betrieb unter der Führung von TELEFUNKEN die Großfunkstation Nauen. Die Empfangsanlagen waren in Geltow bei Potsdam, in Westerland auf Sylt und in Eilvese bei Hagen. 1928 kam noch eine große Kurzwellenempfangsanlage bei Beelitz, südwestlich von Berlin, hinzu. Über den Transradio-Kooperationspartner in den Vereinigten Staaten, die Radio Corporation of America/RCA, wurde der gesamte Telegrammverkehr mit den USA abgewickelt, wie auch mit Argentinien, Brasilien, Ägypten,

Siam, Chile, Mexiko und Japan. 1923 wurde der Firmenname in ‚TRANS-RADIO-AG für drahtlosen Übersee-Verkehr' umgeändert.

Abb. 2-4, Firmenlogo der TRANSRADIO

Abb. 2-5, Aktie der TRANSRADIO über 600,- Reichsmark

Abb. 2-6, Aktie der TRANSRADIO über 1000,- Reichsmark

3. Entscheidung für einen Hochfrequenz-Maschinensender von TELEFUNKEN

Die niederländische Regierung verfolgte die Pionierarbeit von Marconi und TELEFUNKEN mit dem größten Interesse, da sie die Hauptinsel Java ihrer Kolonie Niederländisch-Indien mit drahtloser Telegrafie an das Mutterland anbinden wollte. Als Beispiel diente ihr dafür die von TELEFUNKEN errichtete ‚Funkstation Kamina' in der deutschen Kolonie Togo. Kamina diente als Knoten- und Vermittlungspunkt für alle deutschen Kolonien in Afrika.

Die Anlage Kamina mit einem Löschfunkensender – einer Weiterentwicklung des Knallfunkensenders – und neun Antennenmasten, sechs davon 120 Meter hoch, wurde im Juli 1914 im Endausbau in Betrieb genommen. Bei den damals verwendeten Längstwellen waren die Antennenanlagen riesig. Die Gegenstation von Kamina war die TELEFUNKEN-Großfunkstelle in Nauen, nördlich von Potsdam in Brandenburg gelegen, die bereits 1906 den Probebetrieb aufnahm. 1911 gelang bei Versuchen ein erster Kontakt mit Kamina.

Abb. 3-1, Funkstation Kamina in Togo, 1914[4]

---

4   Zeitgenössische Postkarte

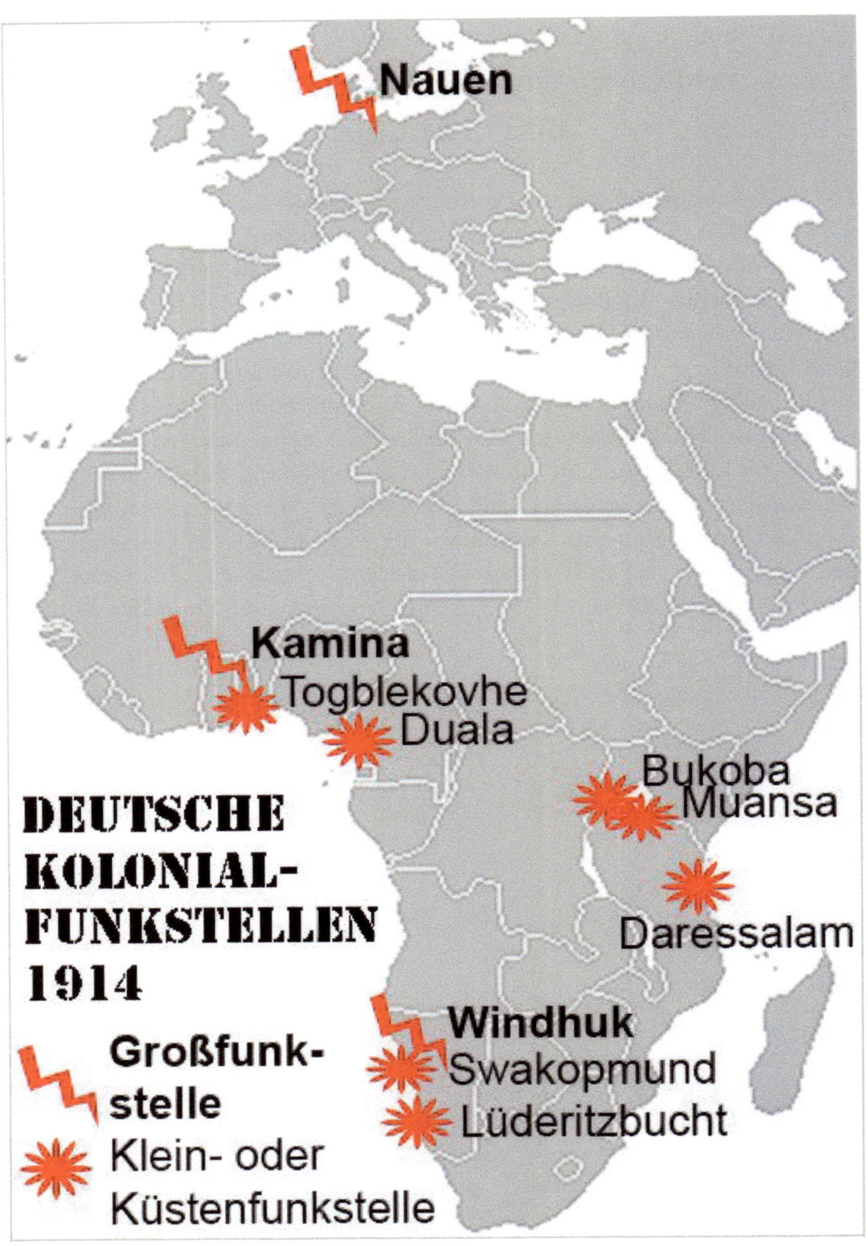

Abb. 3-2, Deutsche Funkstationen in Afrika, 1914[5]

---

5   https://de.wikipedia.org/w/index.php?curid=5427475

Abb. 3-3, Die Großfunkstation Nauen, 1920[6]

Die deutsche Kolonialregierung unterhielt in Togo keine Schutztruppen, um die Station Kamina zu schützen. Im Ersten Weltkrieg rückten die Briten in Togo immer weiter vor. Die Station war nur einen Monat offiziell in Betrieb. Während dieser Zeit wurden 229 Telegramme empfangen und gesendet und deutsche Handels- und Kriegsschiffe gewarnt, neutrale Häfen anzulaufen, um sie einem Zugriff der Entente-Mächte, dem Vereinigten Königreich, Frankreich und Russland, zu entziehen. In der Nacht vom 24. auf den 25. August 1914 wurde die Station von der deutschen Mannschaft zerstört, damit sie nicht in die Hände der Briten fiel. Die Funktürme wurden gesprengt und alle Apparaturen zerstört. Heute zeugen nur noch wenige Reste der Fundamente von der einst stolzen Station Kamina.

Aufgrund der positiven Erfahrungen mit der Station Kamina schlug der niederländische Ingenieur Dr. de Groot vor, eine Funkverbindung mittels einiger Relaisstationen mit dem fast 12 000 Kilometer entfernten Java, der Hauptinsel von Niederländisch-Indien, aufzubauen. Man glaubte damals, dass eine direkte Verbindung nicht möglich wäre. Man kannte die physikalischen Prinzipien der Wellenausbreitung noch nicht.

6   https://de.wikipedia.org/wiki/Gro%C3%9Ffunkstelle_Nauen

Während des Ersten Weltkriegs war die niederländische Kolonie Niederländisch-Indien vollständig vom Mutterland abgeschnitten worden, da die einzige Verbindung mit den Niederlanden ein britisches Seekabel war. Dieses Seekabel lief über Aden im Jemen und wurde von den Briten kontrolliert und überwacht. Später fiel es ganz aus, da der britische Knotenpunkt des Seekabels auf den australischen Cocos-Keeling-Islands, südwestlich von Java, durch ein Kommando des deutschen Kreuzers *SMS Emden* unter Kapitänleutnant Hellmuth von Mücke Anfang November 1914 zerstört wurde.[7] Auch der Warenaustausch zwischen den Niederlanden und ihrer Kolonie Niederländisch-Indien war so gut wie unterbrochen. Es bestand somit der dringende Bedarf einer unabhängigen drahtlosen Verbindung zwischen Holland und Java, der Hauptinsel der Kolonie.

Es gab für die Verwirklichung der Überbrückung von 12 000 Kilometern mit den damals verfügbaren Mitteln noch keine direkte Lösung. 1913 plante man eine Verbindung von Holland mit Java mittels dreier Relaisstationen, und zwar in *Malta* und *Tripolis* am Mittelmeer, sowie *Massaua* am Roten Meer. Da bei dieser Planung verschiedene Staaten beteiligt und diplomatische Verwicklungen zu erwarten waren, wurde sie wieder verworfen.

Bei einer zweiten Planung sollte Holland auf dem Weg nach Westen mit Java durch Funktelegrafie verbunden werden. Dabei hätte man die von den Niederlanden besetzten Inseln in der Karibik und gleichzeitig die Kolonie Niederländisch-Guayana – heute das unabhängige Surinam – als Zwischenstationen mit einbeziehen können. Weitere Relaisstationen waren in den Vereinigten Staaten und in der Kolonie Deutsch-Neuguinea mit dem Kaiser-Wilhelm-Land und dem Bismarck-Archipel geplant. In Deutsch-Neuguinea sollten die Niederlassungen der Deutschen Südsee-Gesellschaft in *Rabaul*, *Yap* und auf der Insel *Nauru* mit einbezogen werden. Man wählte diesen Weg nach Westen, da man damals schon erkannt hatte, dass sich Längstwellen am besten über Wasser ausbreiten konnten. Dieses zweite Projekt hatte die größere Aussicht auf Verwirklichung, da der weitaus größte Teil der Strecke über Wasser ging. Es wurde aber bei Ausbruch des Ersten Weltkriegs zu den Akten gelegt.

In den Niederlanden kam man zu der Überzeugung, dass nur eine direkte funktelegrafische Verbindung zwischen Holland und Java die Lösung sein konnte. Nach dem Stande der Technik von 1915 kam für ein solches Projekt nur die Firma TELEFUNKEN infrage. TELEFUNKEN hatte bereits vor dem Ersten Weltkrieg eine sichere Verbindung über den Atlantik, von Long Island in den USA nach Deutschland, aufgebaut. Bereits 1906 nahm die deutsche Funkstation Nauen in Brandenburg den Versuchsbetrieb auf.

7   Siehe hierzu: Horst H. Geerken, *Hitlers Griff nach Asien*, Band 2, S. 27f u. 31

Abb. 3-4, Die Funkstation Nauen, Titelbild der TELEFUNKEN-Zeitung 40/41 vom Oktober 1925

3. Entscheidung für TELEFUNKEN

Nach Knallfunkensendern wurden nach 1909 Löschfunkensender eingesetzt und ab 1913 wurde in Nauen ein TELEFUNKEN-Hochfrequenz-Maschinensender mit einer Leistung von 400 Kilowatt in Betrieb genommen. Die Sendefrequenz lag bei 23,8 Kilohertz, was einer Wellenlänge von 12 600 Metern entsprach. Die Empfangsstationen auf deutscher Seite waren in Geltow in der Nähe von Potsdam, in Westerland auf der Insel Sylt und in Eilvese bei Hagen, ab 1928 auch in Beelitz, südwestlich von Berlin.

Nach 1914 konnte die Station Nauen nicht nur in der deutschen Kolonie Togo, sondern auch in der noch weiter entfernten Station Windhoek in Deutsch-Südwestafrika empfangen werden. Auch in Argentinien und den Stationen in Deutsch-Neuguinea wurden nun die Sendungen aus Nauen gehört. Es war jetzt erstmals geglückt, drahtlos die Antipoden zu erreichen. Nur TELEFUNKEN konnte mit einem Maschinensender zum ersten Mal so große Entfernungen relativ sicher überbrücken und nur TELEFUNKEN verfügte zu jener Zeit über die notwendige Erfahrung, solch eine große Aufgabe wie die geplante Station Malabar zu bewältigen.

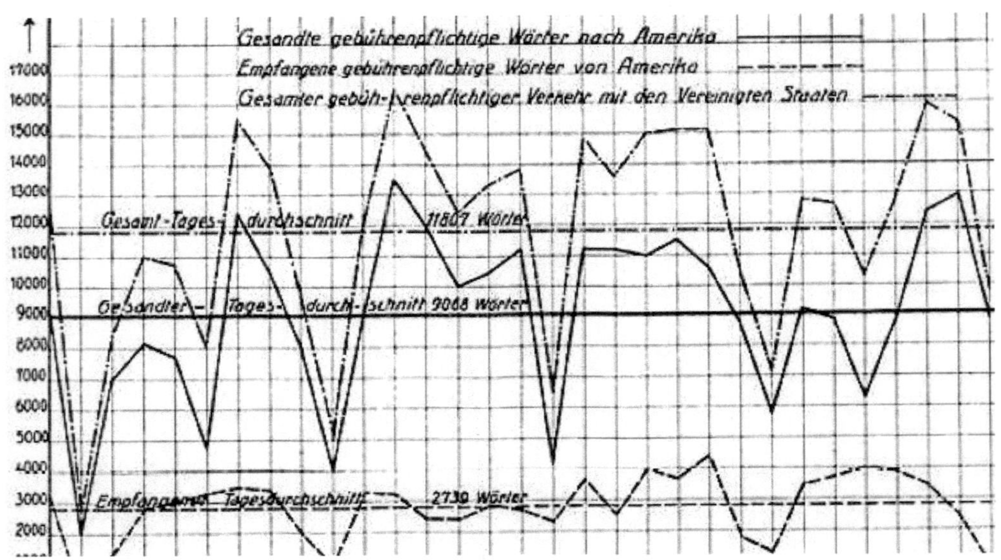

Abb. 3-5, Der Telegramm-Verkehr zwischen Nauen und den USA klappte schon hervorragend

Das deutsche Schutzgebiet Deutsch-Neuguinea wurde im 19. Jahrhundert erworben. Zunächst war es nur durch regelmäßige Schifffahrtsverbindungen mit der Außenwelt verbunden. Nach und nach wurden nun die Schiffe mit

Fortschreiten der Funktechnik mit Sendern und Empfängern ausgerüstet. Vor dem Ersten Weltkrieg waren das die im Ostasien-Dienst eingesetzten Schiffe der ‚Kaiserlich-Deutschen Reichspostdampfer-Linie‘ sowie die Schiffe des ‚Norddeutschen Lloyd‘, die regelmäßig auf ihrer Route von Deutsch-Neuguinea nach Singapur durch die Gewässer Niederländisch-Indiens fuhren.[8] Es ist bekannt, dass alle diese Schiffe einen Funkoffizier mit den entsprechenden Geräten an Bord hatten. Nicht bekannt ist allerdings, ob diese Schiffe einen direkten Kontakt zum Deutschen Reich hatten. Vermutlich hatten sie diesen nur untereinander und zu der am nächsten gelegenen Landstation.

Abb. 3-6, Der Reichspostdampfer Prinz Waldemar im Bismarck-Archipel in Deutsch-Neuguinea

Bereits 1893 richtete der Norddeutsche Lloyd eine regelmäßige Linienverbindung zwischen den Häfen in Deutsch-Neuguinea und Singapur ein. Einmal alle zwei Wochen durchquerten die Schiffe die Gewässer von Niederländisch-Indien. Eine andere zweiwöchige Verbindung des Norddeutschen Lloyds ging von Deutsch-Neuguinea über die Molukken nach Makassar auf der Insel Celebes.

---

8   Siehe Horst H. Geerken, *Das Gold der Bandas*, Kap. 13, S. 198ff

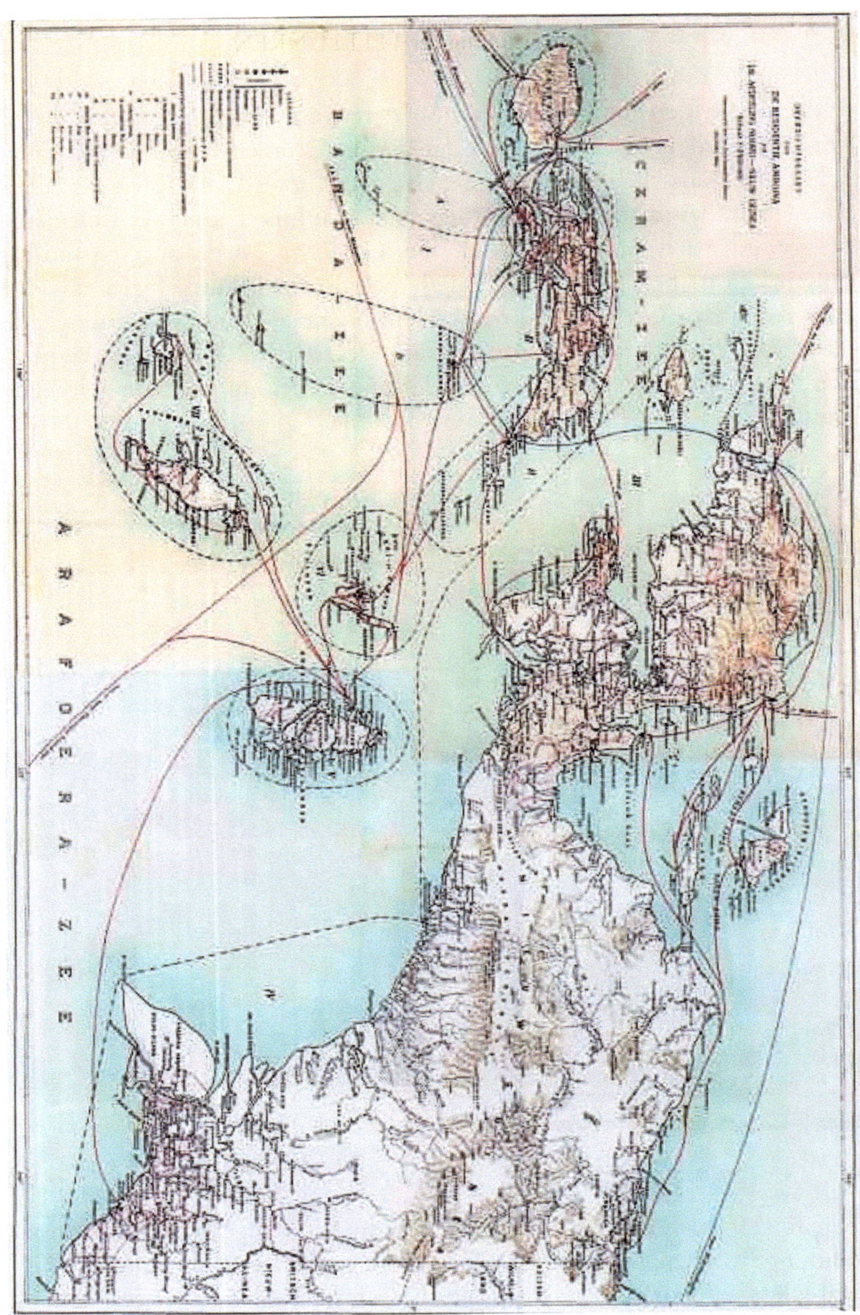

Abb. 3-7, Die Schifffahrtsrouten in und durch Niederländisch-Indien. Niederländische Landkarte von 1915. Rot: Schifffahrtslinien der holländischen KPM[9]
Blau: Schifffahrtslinien des Norddeutschen Lloyd

9   Koninklijke Paketvaart Maatschappij

Abb. 3-8, Werbung der Kaiserlich-Deutschen Reichspostdampfer-Linie des Ostasien-Dienstes

Ende des 19. und Anfang des 20. Jahrhunderts waren Reisen in die ‚exotischen Länder des Fernen Ostens' unter der europäischen Elite sehr beliebt. Es waren Schriftsteller wie Karl May oder Hermann Hesse, Kunstmaler wie Emil Nolde oder Ärzte wie der damals bekannte Tropen- und Augenarzt Professor Dr. Alfred Theodor Leber, die mit diesen Schiffen in Südost-Asien reisten.[10]

Am 15. Januar 1911 gründete der Hauptaktionär TELEFUNKEN, gemeinsam mit der AEG und Siemens & Halske, die Tochtergesellschaft DEBEG[11], die sich ausschließlich mit Geräten für den drahtlosen Nachrichtenverkehr und deren Betrieb auf deutschen Schiffen befasste. Schon wenige Jahre danach war die DEBEG auf der ganzen Welt gefragt. Wie Marconi betrieb die DEBEG die Schiffsstationen mit eigenem Personal, das in einer DEBEG-Navigationsschule in Bremerhaven ausgebildet wurde. Waren es 1911 noch 78 Schiffs-Funkstationen, die die DEBEG betrieb, waren es 1914 bereits 380! Die Seefahrt von Handelsschiffen sollte sicherer und schneller werden. Der drahtlose Nachrichtenverkehr war nun von außerdeutschen Einflüssen unabhängig.

Abb. 3-9, Transport von schwerem Material eines TELEFUNKEN-Senders in Neuseeland auf einem Wagen, der von vielen Pferden gezogen wird, 1920[12]

---

10   Siehe Horst H. Geerken, *Hitlers Griff nach Asien*, Band 1, S. 114ff, 216; Band 3, S. 305 u. Band 4, S. 7
11   Deutsche Betriebsgesellschaft für drahtlose Telegraphie mbH
12   TELEFUNKEN-Zeitung Nr. 22 vom März 1921

TELEFUNKEN hatte bereits vor dem Ersten Weltkrieg viele drahtlose Stationen nach Niederländisch-Indien geliefert, zum Beispiel einen 5 Kilowatt ‚Tönenden Löschfunkensender' nach *Sabang* auf der Insel *Weh* vor der Nordküste Sumatras[13] und weitere in den Osten Javas nach *Surabaya* und *Sitoebondue*[14], oder nach *Kupang* auf der Insel *Timor*. Selbst in der weit im Pazifik liegenden deutschen Kolonie *Samoa* wurde 1914 die Station *Apia* aufgebaut. Auch das in den Antipoden liegende Neuseeland und mehrere Länder Südamerikas bestellten nun Sendeanlagen bei TELEFUNKEN in Berlin. Es war die Gesellschaft mit der größten Erfahrung und das Geschäft boomte.

Ein Staat, der wie die Niederlande Welthandel trieb, aber keine Gelegenheit hatte, seine Handels- und anderen Nachrichten direkt weiterzugeben, geriet in eine gewisse Abhängigkeit von anderen Staaten und in eine Unterlegenheit. Es lag im Interesse eines jeden wirtschaftlich und politisch unabhängigen Staates, eine Radio-Großstation zu besitzen, um nicht ins Hintertreffen zu geraten.

Auch die niederländische Regierung sah dies ein und setzte nun auf die große Erfahrung von TELEFUNKEN. Sie bestellte zunächst einen 100 Kilowatt Hochfrequenz-Maschinensender für einen Versuchsbetrieb in ihrer Kolonie Niederländisch-Indien. Um Schwierigkeiten und hohe Kosten beim Transport des Montage- und Baumaterials zu vermeiden, entschied man sich bei der Auswahl des Platzes der Sendestation für den Ort *Tjililin*[15], nur 20 Kilometer westlich von *Bandung*. Vermutlich wurde dieser Ort gewählt, da es dort viel Wasser und einen sehr niedrigen Grundwasserspiegel gab, sodass eine gute Erdung der Station erwartet werden konnte. Sicherlich spielte auch die Nähe zu *Bandung* eine Rolle, da dort die niederländisch-indische Telegrafenverwaltung ihren Hauptsitz hatte. Über diese um 1918 bestellte Sendestation gibt es kaum Unterlagen, nur einige alte Fotos und wenige kurze Notizen. Wie eine Pressenotiz einer niederländisch-indischen Zeitung zeigt, war die Sendeanlage bereits am 21. Januar 1921 in Betrieb. Selbst mit diesem 100 Kilowatt-Maschinensender konnten bereits Telegramme nach Holland übertragen werden:

Der ‚Indische Merkur' berichtet, dass die Sendestation auf Java fertig sei, zur Zeit aber nur Regierungstelegramme nach Holland befördere. Es habe sich gezeigt, dass diese Station eine außerordentlich große Reichweite besitze. Selbst die Marconi-Station in Spitzbergen teilte mit, dass sie Java deutlich hören könne.[16]

---

13 Siehe Horst H. Geerken, *Hitlers Griff nach Asien*, Band 2, S. 23
14 Heute Regierungsbezirk Situbondu
15 Heutige Schreibweise Chililin
16 TELEFUNKEN-Zeitung Nr. 22 vom März 1921, S. 49

Abb. 3-10, Die TELEFUNKEN-Station in Tjililin lag in diesem Tal. Zwischen den beiden Bergwänden wurde eine Langdraht-Antenne ausgespannt, 1920

Abb. 3-11, Das Stationsgebäude in Tjililin, 1920

Abb. 3-12, Der Marktplatz in Tjililin, 1920

Abb. 3-13, Der Maschinenraum mit dem 100 Kilowatt TELEFUNKEN-Maschinensender in Tjililin, 1920[17]

17 Abbildungen 10 bis 13 aus TELEFUNKEN-Zeitung Nr. 22 vom März 1921

3. Entscheidung für TELEFUNKEN

Nach den guten Erfahrungen, die man mit der Sendestation *Tjililin* machte, fiel die Entscheidung für die Großstation Malabar. Man wollte Malabar mit einem 400 Kilowatt Hochfrequenz-Maschinensender von TELEFUNKEN ausrüsten und hoffte, damit eine stabile drahtlose Übertragung zwischen Niederländisch-Indien und Holland zu erreichen.

4. Die Funkstation Malabar auf Java

Der Konkurrenzkampf und die Auseinandersetzungen zwischen TELE-FUNKEN und Marconi setzten sich bis weit in die 1920er Jahre fort. Die niederländische Regierung wollte jedoch schnellstmöglich eine drahtlose Verbindung in ihre 12 000 Kilometer entfernte Kolonie haben. Daher wurden gleichzeitig zwei Aufträge vergeben: Die holländische Regierung vergab einen Auftrag für einen 400 Kilowatt Hochfrequenz-Maschinensender an TELEFUNKEN und die Kolonialregierung von Niederländisch-Indien einen für die Fertigstellung eines 2400 Kilowatt Marconi-Poulsen-Lichtbogensenders. Der Auftrag für den Marconi-Poulsen-Sender wurde bereits vor dem Ersten Weltkrieg vergeben, die Montagearbeiten für diesen Sender konnten jedoch wegen der Wirren des Krieges zunächst nicht beginnen.

Lichtbogensender arbeiteten recht unzuverlässig, sie hatten aber den Vorteil, dass man auch mobile Anlagen mit kleiner Leistung herstellen konnte. Ich denke, es war eher die höhere Frequenz, die man mit einem Lichtbogensender erreichen konnte, weshalb man sich für die Fertigstellung des Marconi-Poulsen-Senders entschied. Eine höhere Frequenz bedeutete eine größere Reichweite und somit weniger Relaisstellen. Aber so genau war das damals noch nicht bekannt.

Das weltweit interessanteste und wichtigste Projekt einer Funkstation jener Zeit war Malabar auf Java, dessen Montage 1920 begann. Vor der Auftragsvergabe wurden noch sorgfältige und detaillierte Empfangsbeobachtungen des 400 Kilowatt Maschinensenders in Nauen durchgeführt. Bisher konnte man mit Lichtbogensendern über eine so große Entfernung, wie sie zwischen Holland und Java war, nur Zufallsergebnisse erzielen, aufgrund derer eine sichere Funkverbindung nicht hergeleitet werden konnte. Daher war die Beobachtung des Senders Nauen für Niederländisch-Indien von großer Wichtigkeit.

Der weitaus größte Teil der Strecke zwischen Holland und Java ging über Land, wobei auf etwa halbem Wege noch das hohe Gebirge des Himalayas lag. Da sich die damals verwendeten Längstwellen entlang der Erdoberfläche und am besten über Wasser ausbreiten, war man unsicher, wie sich dieses Hindernis auf die drahtlose Verbindung mit Java auswirken würde. Auch damals war bereits bekannt, dass sich die Funkwellen am besten durch die Nacht ausbreiten. Während des europäischen Sommers lag die Strecke in ihrer ganzen Länge innerhalb von 24 Stunden nur 3 Stunden in der Dunkelheit, während des europäischen Winters allerdings bis zu 7 Stunden. Man wusste allerdings noch nicht, wie sich diese unterschiedliche Tag-Nacht-Zeit auf die Ausbreitung nach Niederländisch-Indien auswirken würde. Es gab also viel Neuartiges zu entdecken.

Bereits 1916 übergab TELEFUNKEN der holländischen Kolonialregierung eine neuartige Empfangseinrichtung, mit der die Empfangsmöglichkeit der deutschen Station Nauen überprüft werden sollte. Schon 1917 wurde einwandfrei dargestellt, dass eine sichere Verbindungsmöglichkeit zwischen Nauen und Java bestand, bei Nacht und sogar während des Tages. Daraufhin wurde von der holländischen Regierung der Bau einer Hochfrequenz-Maschinensendeanlage von der Größe der Station Nauen durch die TELEFUNKEN-Gesellschaft genehmigt. Gleichzeitig wurde von der holländischen Reichstelegrafenverwaltung die Station Kootwijk, 12 Kilometer von Apeldoorn entfernt, als Gegenstation für die Station auf Java bei TELEFUNKEN in Auftrag gegeben. Auf die Station Kootwijk werde ich im nächsten Kapitel zu sprechen kommen.

Nach der Vergabe der Aufträge an Marconi und TELEFUNKEN musste zunächst ein geeigneter Standort für die Sendestation auf Java gefunden werden. Ein Problem bei einem Längstwellensender sind die riesigen Ausdehnungen der Antenne. Der Standort einer Station musste nach den Optionen für den Aufbau einer Sendeantenne ausgesucht werden. Man benötigte möglichst einen bestimmten Winkel, der durch ein Tal vorgegeben war. Darüber hinaus musste die Schräge des Tals in die Richtung der Gegenstation in Europa gehen. Es war nötig, eine durch Naturgewalten geschaffene günstige Lage zu finden, da für die Sendeantenne nur eine Bergantenne in Frage kam. Den perfekten Standort dafür fand man in Malabar. Auf Indonesisch wird das Bergmassiv *Gunung Malabar* genannt.

Malabar ist ein erloschener Vulkan, dessen südlicher Kraterwall 2200 Meter, der nördliche Wall 2350 Meter hoch ist. In Richtung Holland, also nach Nordwesten hin, ist die Kraterwand durchbrochen. Vermutlich lag in grauer Vorzeit im Krater des längst erloschenen Vulkans ein See, der dann an der Nordwestseite den Naturdamm durchbrach. Bis heute fließt dort der Gebirgsbach *Tji Geureuh* durch das Tal, der nach starken Regenfällen hoch anschwillt. Die Lage war ideal. Die beiden Gipfel boten sich als natürliche Aufhänge-Punkte für eine Antenne an und in der riesigen Kluft dazwischen, auf dem Kraterboden des inaktiven Vulkans, war genügend Platz für die Stationsgebäude und die Häuser der Angestellten und Arbeiter. Der reißende Gebirgsbach konnte außerdem zu Beginn der Bauarbeiten mit einer Turbine zur Stromgewinnung genutzt werden.

Abb. 4-1, Die Malabar-Schlucht mit den Aufhänge-Punkten für die Bergantenne

Die Station Malabar lag in Luftlinie etwa 50 km vom Indischen Ozean und 100 km von der Javasee entfernt. Die Koordinaten von Malabar sind: 7°, 8‘, 40“ südlicher Breite und 107°, 37‘, 38“ östlicher Länge, das ist etwa 30 Kilometer südlich der westjavanischen Stadt *Bandung*. *Bandung* war während der niederländischen Kolonialzeit die Hauptstadt der *Preanger Regentschappen*. Der exakte Zeitunterschied zwischen Berlin und Malabar beträgt 6 Stunden und 25 Minuten. Fast das ganze Jahr über gibt es täglich starke tropische Niederschläge. Die Luftfeuchtigkeit liegt im Mittel bei 88 Prozent. Das Gebäude für die Sendestationen lag 1500 Meter über Meereshöhe.

Zunächst musste eine Straße zu dem Platz der Sendestation durch den dichten Dschungel gebaut werden. Eine Hauptstraße führte in 10 Kilometern an der Malabar-Schlucht vorbei. Als Verbindung zur Funkstation wurde eine Schotterstraße durch den Dschungel angelegt, wobei ein Höhenunterschied von 700 Metern auf einer Strecke von 10 Kilometern mit vielen Kehren und Steigungen überwunden werden musste. In der gesamten Malabar-Schlucht musste die dichte tropische Vegetation entfernt und der Stationsplatz für die zu errichtenden Gebäude geebnet werden. Als erstes wurden die Häuser für die Beamten und die Arbeiter am Anfang der Schlucht errichtet. Gegen Ende der sich verengenden Schlucht befanden sich die Gebäude für die Technik.

Als das Stationsgebäude für den Marconi- und der Anbau für den TELE-FUNKEN-Sender sowie das Gebäude für die Umformerstation fertiggestellt waren, mussten die schweren Maschinen dorthin transportiert werden. Dies gelang nur mit Hilfe von Traktoren der niederländisch-indischen Armee und von Hunderten fleißigen javanischen Arbeitern. Wie man auf den Fotos der Baustelle sieht, war Bambus ein wichtiges Baumaterial. Damit wurden Gerüste, Brücken und sogar Häuser gebaut. Bis heute ist Bambus in Indonesien und ganz Ostasien bei Bauarbeiten unverzichtbar.

Abb. 4-2, Die Baustelle Malabar

Abb. 4-3, Das Fundament für den TELEFUNKEN-Maschinensender wird vorbereitet[18]

18   Collectie Tropenmuseum Amsterdan, TMnr_60019342

Abb. 4-4, Das Kühlbecken wird neben der Maschinenhalle gebaut[19]

Abb. 4-5, Bambus war das Material für die Gerüste

19   Ibid. TMnr_60019347

Abb. 4-6, Die Gebäude des Personals und der Arbeiter[20]

Abb. 4-7, Das zentrale Betriebsgebäude

Der Entwurf der Stationsgebäude wurde vom ‚Niederländisch-Indischen Gouvernements-Radiodienst' erstellt. Bei der Planung musste die in diesem Gebiet bestehende große Erdbebengefahr berücksichtigt werden. Daher wurde das Gebäude, bis auf das Fundament, aus Holz erstellt. Das gesamte Baumaterial, mit Ausnahme der bei der Planierung gewonnenen Bruchsteine, musste von weither zur Baustelle gebracht werden.

20   Ibid. TMnr_60019355

Abb. 4-8, Das Betriebsgelände

Der Lichtbogensender von Marconi nach dem System von Waldemar Poulsen hatte eine Leistungsaufnahme von 2400 Kilowatt – rund 700 Ampere bei 3500 Volt Gleichstrom – und war damit der wohl stärkste Lichtbogensender der Welt. Die Sendefrequenz konnte zwischen einer Wellenlänge von 9300 (entsprechend einer Frequenz von 32,2 Kilohertz) und 17 600 Metern (das entspricht einer Frequenz von 17 Kilohertz) abgestimmt werden. Die Planung und Bauleitung für den Lichtbogensender hatte Dr. Ing. de Groot, der Oberingenieur war Klaas Dijkstra.

Die Sendeanlage hatte unglaubliche Abmessungen und Gewichte. Die obere Spule hatte 4000 Windungen von 50 Quadratmillimeter Litze mit einem Gewicht von 14 Tonnen. Die untere Spule lag in einem Ölbad. Sie hatte 180 Windungen von 450 Quadratmillimeter Litze bei einem Gewicht von 7,5 Tonnen. In der oberen Spule floss ein Gleichstrom von 100 Ampere bei 1000 Volt. Die untere Spule wurde vom Hauptstrom durchflossen. Die Eisenkerne der Magnete wogen über 100 Tonnen. Durch Verstimmen einer in der Antenne liegenden Tastspule wurde der Sender getastet. Kein Wunder, dass dieser Lichtbogensender in Malabar als der stärkste der Welt bezeichnet wurde.

Abb. 4-9, Der 2400 kW Marconi-Poulsen-Lichtbogensender in Malabar[21]

Der 400 Kilowatt starke Hochfrequenz-Maschinensender von TELEFUN-KEN wurde in einem Anbau des Hauptgebäudes untergebracht. Die Anlage war wesentlich kleiner und verbrauchte beträchtlich weniger Energie. Der Hochfrequenzgenerator lieferte 600 Kilowatt bei 600 Volt und einer Frequenz von 5000 Herz. Als Antrieb diente ein Drehstrommotor mit 1500 Umdrehungen pro Minute. Durch einen ersten Schwingkreis wurde die Frequenz zunächst verdoppelt. In einem zweiten Kreis erfolgte entweder eine weitere Frequenzverdopplung oder eine Verdreifachung. Auf diese Weise konnte man mit einfachen Mitteln mehrere unterschiedliche Frequenzen erzeugen. Die Abstimmung der Antenne, an die letztendlich 400 Kilowatt Hochfrequenz gelangten, erfolgte vom Schaltpult aus mit einem Variometer, das von einem Elektromotor angetrieben wurde.

---

21 Quelle: Bericht H. Busch, http://www.seefunknetz.de/libo.htm

Abb. 4-10, Montage des TELEFUNKEN-Senders[22]

Abb. 4-11, Der 400 Kilowatt TELEFUNKEN-Maschinensender[23]

22   Ibid. TMnr_60019345
23   Ibid. TMnr_60019349

Abb. 4-12, Der Hochfrequenz-Maschinensender mit Antriebsmotor

Abb. 4-13, Im Maschinensaal des Senders[24]

---

24   Ibid. TMnr_60019348

Abb. 4-14, Kondensator-Batterien im Maschinensaal[25]

Abb. 4-15, Im Maschinensaal des Senders[26]

25   Ibid. TMnr_60019346
26   Ibid. TMnr_60019350

Abb. 4-16, Montage des Frequenz-Verdopplers[27]

Das Tasten des Senders für die Übertragung der Morsezeichen geschah mit einer in den Schwingkreis geschalteten Eisendrossel. Durch Ein- und Ausschalten eines Gleichstroms im Morse-Rhythmus konnte der Antennenstrom im gleichen Rhythmus von voller Energie bis fast auf Null gesenkt werden.

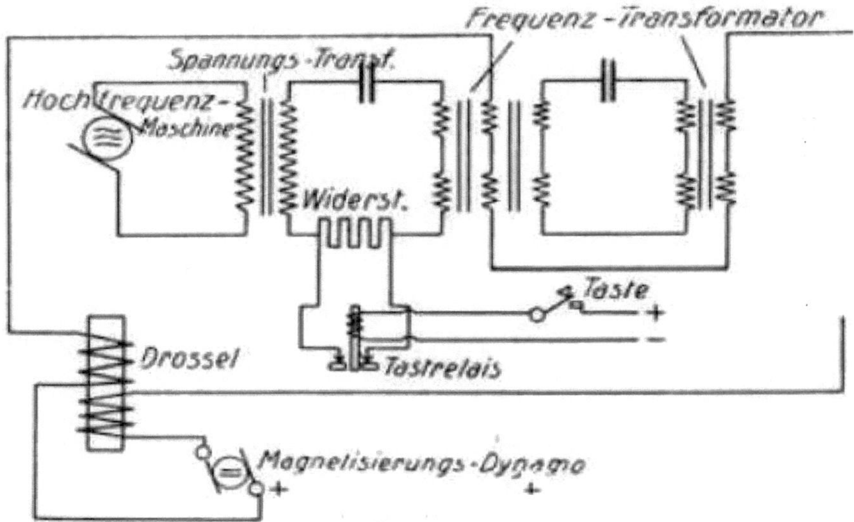

Abb. 4-17, Das Schaltbild der alten Tastung der Morsezeichen[28]

27 Ibid. TMnr_60019344
28 Aus TELEFUNKEN-Zeitung Nr. 40/41 vom Oktober 1925

Die Frequenzverdoppler wie auch die Tastdrossel lagen in einem Ölbad, dessen Öl in einem außerhalb des Hauses gelegenen Becken mit Frischwasser gekühlt wurde.

Die Stromversorgung erfolgte während der Bauzeit von Radio Malabar über eine Freileitung von den Wasserkraftwerken *Tjisaroea* und *Bengkoh*. Der von dort kommende Wechselstrom von 2500 Volt und 50 Hertz wurde in einem getrennt davon stehenden Transformatorenhaus auf die von den Arbeitsmaschinen benötigte Spannung umgewandelt.

Für den endgültigen Betrieb des 400 Kilowatt-Maschinensenders stand ein Dampfkraftwerk zur Verfügung, das 6000 Kilowatt liefern konnte. Auch das Dampfkraftwerk bei dem Ort *Dajeuhkolot* wurde von TELEFUNKEN geplant, geliefert und aufgebaut. Es war speziell für den TELEFUNKEN-Maschinensender entworfen worden und lag genau an der Stelle, an der die Schotterstraße nach Malabar von der Hauptstraße abzweigte. Das Kraftwerk lieferte seinen Strom über eine Hochspannungsleitung an die Sendeanlage Malabar. Bei Ausfall des Kraftwerks konnte ein Akkumulatoren-Block von 125 Zellen für drei Stunden die Versorgung des Maschinensenders übernehmen. Das Kraftwerk konnte bereits am 1. Juni 1921 in Betrieb genommen werden und lieferte fast zwei Jahre lang – bis zur Fertigstellung des Maschinensenders – den Strom für die gesamte Beleuchtung von Bandung.

Abb. 4-18, Die Kontroll-und Steuerkonsole. Von hier wurde der Sender betrieben und gesteuert[29]

---

29 Collectie Tropenmuseum TMnr_60019338

Abb. 4-19, Bau des Maschinenhauses in Dajeuhkolot

Abb. 4-20, Bambus war ein unentbehrliches Baumaterial

Abb. 4-21, Bau des Kessel- und Turbinenhauses für das TELEFUNKEN- Dampfkraftwerk in Dajeuhkolot

Die vom Kraftwerk erzeugte Spannung in Höhe von 25 000 Volt wurde für den Betrieb des 400 Kilowatt Maschinensenders über eine Freileitung nach Malabar geleitet und dort auf die Gebrauchsspannung heruntertransformiert.

Abb. 4-22, Das Dampfkraftwerk mit Ölfeuerung ist in Betrieb. Die Dampfkessel und darunter die Feuerungstüren.

Während der Bauzeit der Sendestation in der Malabar-Schlucht wurde in *Tjiangkring* in der Nähe von Bandung eine vorläufige Empfangsstation in Betrieb genommen. Für die Empfangsanlage lieferte TELEFUNKEN eine große und neuartige Rahmenantenne mit einer Fläche von 20 Quadratmetern. Die Anlage diente zum Studium der Empfangsverhältnisse. Der Empfang der deutschen Station Nauen war so gut, dass damit bereits europäische Pressenachrichten aufgenommen werden konnten.

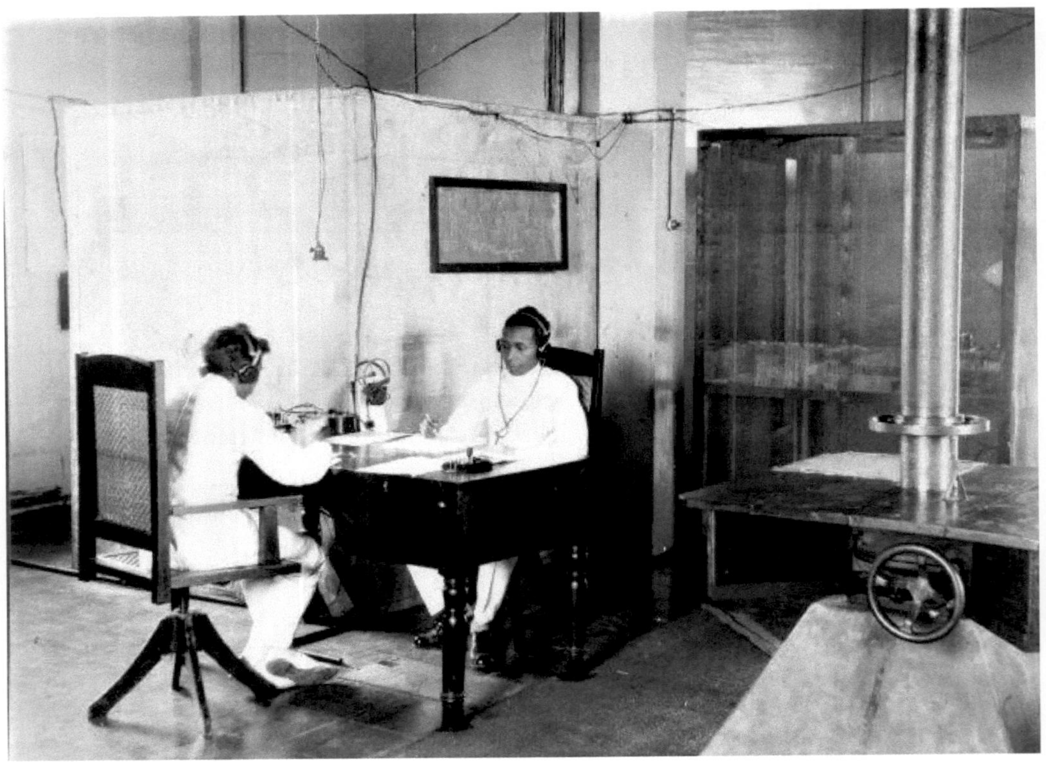

Abb. 4-23, Die TELEFUNKEN-Empfangsstation in Tjiangkrig[30]

Über den Funk-Pressedienst erschien in der TELEFUNKEN-Zeitung Nr. 22 vom März 1921 ein Bericht. Da die schnelle Verbreitung von politischen, wirtschaftlichen und anderen Nachrichten immer wichtiger wurde und Deutschland auf diesem Gebiet eine führende Position einnahm, zeige ich hier Ausschnitte dieses Berichtes:

---

30 Collectie Tropenmuseum TMnr_60019370

Funk-Presse-Dienst

Wie in Deutschland, sind auch in England Versuche mit der Verbreitung von Presse-Meldungen mittels der drahtlosen Telegrafie und Telefonie unternommen worden. Während nun aber der englische Postminister vor einigen Wochen im Unterhause mitteilen musste, dass die Resultate dieser Versuche wenig befriedigend seien und infolgedessen zu deren Einstellung geführt hätten, ist die Deutsche Reichs-Telegrafen-Verwaltung bereits auf dem besten Wege, aus dem Versuchsstadium in die Praxis überzugehen. Aus dem Reichspostministerium wird hierüber nachfolgende Mitteilung bekannt gegeben:

‚Die Reichstelegrafenverwaltung hat neben dem Reichsfunknetz versuchsweise ein Netz von Presseempfangsstellen eingerichtet, um die Zirkularwirkung der Funktelegrafie, d.h. die Fähigkeit, von einer Sendestelle aus durch ein einmaliges Senden beliebig viele Empfangsstellen mit Nachrichten versorgen zu können, auszunutzen und dadurch die überlasteten Drahtleitungen von vielen gleichlautenden Pressetelegrammen und Pressegesprächen zu entlasten. Die Ausgestaltung dieses z. Zt. 51 reichseigene Empfangsstellen umfassenden Netzes wird nach Kräften gefördert, so dass in absehbarer Zeit etwa 100 Empfangsanlagen in größeren Orten bereitstehen werden. Zur Zeit werden Wirtschaftsnachrichten, ferner Pressemeldungen dreier Nachrichtenbüros zu bestimmten Stunden beim Haupt-Telegrafenamt aufgeliefert und von diesem unmittelbar durch Ferntastung über die Hauptfunkstelle Königs-Wusterhausen an die Funkempfangsstellen gesandt, wo sie vervielfältigt und den Empfängern zugestellt werden. Mit Hilfe der Ferntastung wird die Verzögerung durch eine gesonderte drahtliche Beförderung vom Haupt-Telegrafenamt bis Königs-Wusterhausen vermieden und die Schnelligkeit der Übermittlung, die ja von großer Bedeutung für den Presseverkehr ist, erheblich erhöht.

Auch dem zweiten wichtigen Erfordernis bei der Beförderung von Pressenachrichten, der Billigkeit, wird durch die drahtlose Verbreitung entsprochen, da nicht nur die hohen Kosten für das Leitungsmaterial und seine Unterhaltung fortfallen, sondern auch Personal erspart wird; denn nur ein einziger Sendebeamter steht hier im Gegensatz zur Drahttelegrafie der Gesamtheit der empfangenden Beamten gegenüber. [...]

Als vorteilhaft hat sich ein neuerdings zum Geben [Anm. d. A.: von Morsezeichen] *verwendeter Maschinensender erwiesen. Seine konstante Geschwindigkeit und die Gleichmäßigkeit seiner Zeichen erleichtern wesentlich die Aufnahme des Funks bei den Presseempfangsstellen. Die bei Beginn des Versuchs in der Sendestelle Königs-Wusterhausen aufgetretenen Mängel – wie Sendestörungen, Tonschwankungen, schlechte Zeichengabe – konnten nach und nach auf ein Mindestmaß herabgedrückt werden. [...]*

Die Presseempfangsstellen hatten anfänglich sehr unter Luftstörungen und Störungen durch fremde Stationen zu leiden, da sie nur mit einem Primärempfänger ausgerüstet waren. Jetzt ist eine wesentliche Verbesserung des Rundfunkdienstes durch die Verwendung von Sekundärempfängern (Telefunken Sekundär-Empfänger E225a-Presse) anstelle von Primärempfängern erzielt worden, weil der Empfangsbeamte dadurch imstande ist, Störungen besser auskoppeln zu können. [...]
Allerdings wird nach wie vor beim Auftreten von fremden Störern die Geschicklichkeit des einstellenden Beamten von Bedeutung sein. [...]
Durch all die erwähnten Maßnahmen ist es erreicht worden, dass sich das Gesamtergebnis des Versuchs günstig gestaltet hat. Bei mehr als der Hälfte der Empfangsstellen ist es möglich gewesen, durchweg 100 Prozent der Worte des Funktextes aufzunehmen, weitere 20 Empfangsanlagen haben beinahe immer 100 Prozent des Textes erhalten. [...]
Dabei wird auch die Fortbildung des Personals nicht außer Auge gelassen. Neben Hör- und Gebeübungen sind beim Funk-Betriebsamt in Berlin sechswöchige Funklehrgänge eingerichtet, die den zur Schulung abgeordneten Beamten die nötigen Kenntnisse für den Betriebs- und Aufsichtsdienst vermitteln. [...]
Die weitere Ausnutzung des Funks für die Allgemeinheit ist nun so gedacht, dass die Post gegen Zahlung einer angemessenen Abonnementsgebühr den Interessenten vollständige Empfangseinrichtungen zum Abhören der von der Hauptstelle entsandten Funknachrichten liefert. Die Höhe dieser Gebühr wird sich richten einmal nach der Entfernung der Empfangsstation von Berlin und zum anderen Mal nach dem Umfang der Pressemeldungen. [...]'

In Deutschland wurde der Vorteil der drahtlosen Übermittlung von Pressemitteilungen, Börsen- und Handelsnachrichten, Wetterdaten, Sportberichten und so weiter schon früh erkannt und führte zu einem Vorsprung gegenüber unseren Nachbarländern.

Ein endgültiger und günstigerer Platz für die Empfangsstation wurde südlich vom Dorf *Randja Ekek* auf einer Hochebene gefunden. Die Anlage lag an der Bahnlinie *Bandung-Surabaya*, 670 Meter über dem Meer, und war 22 Kilometer von *Bandung* entfernt. Es war ein Anbaugebiet für Nassreis. Der Grundwasserspiegel lag nur zwischen 25 Zentimeter und einem Meter unter der Erdoberfläche und somit war der Platz hervorragend für eine gute Erdung geeignet. Die Empfangsanlage mit drei Abstimmkreisen, einem Sperrkreis, einem Hochfrequenzverstärker und einem ‚Überlagerer' konnte die Wellenlängen von 24 000 bis 4 500 Meter empfangen. Das entsprach einer Frequenz von 12,5 bis 66,6 Kilohertz.

Abb. 4-24, Die Betriebsraum der Radio-Empfangszentrale[31]

Es gab eine gewaltige Verbesserung der drahtlosen Verbindung mit Europa, als die Bergantenne in Malabar in Betrieb genommen werden konnte. Weltweit war es die erste Antenne dieser Art. Es wurden über die Schlucht von Gipfel zu Gipfel fünf Stahlseile mit einem Durchmesser von 25 Millimetern gespannt. Darunter wurden unter Zwischenschaltung von Isolatoren über Rollen die Antennendrähte aufgehängt. Die Sendeantenne selbst bestand aus sieben Kupferlitzen mit einem Querschnitt von 35 Quadratmillimetern und einer Länge von 2000 Metern, die auf eine Wellenlänge von 8300 Meter (entsprechend einer Frequenz von rund 36,1 Kilohertz) abgestimmt waren. Der höchste Teil der Antenne lag 480 Meter über der Talsohle und war 800 Meter höher als der Antennen-Einspeisungspunkt beim Gebäude des Senders.

Hinter dem Stationsgebäude wurden schmale Pfade in den Dschungel geschlagen, die sich links und rechts entlang der steilen Wände von der Schlucht bis zu den Gipfeln emporschlängelten. Wie schwierig muss es für die javanischen Arbeiter gewesen sein, Material für die Betonfundamente, die Drahtseile, Winden und andere Maschinen auf ihren Schultern bis auf die Berggipfel zu schleppen. Die Drahtseile für die Befestigung der Antenne wurden quer über die Schlucht gezogen. Auf der einen Seite wurden die Seile fest verankert, auf der anderer Seite wurden sie mit einer Motorwinde hochgezogen.

31 Ibid. TMnr_60019371

Abb. 4-25, Der Aufbau der Bergantenne war harte Arbeit

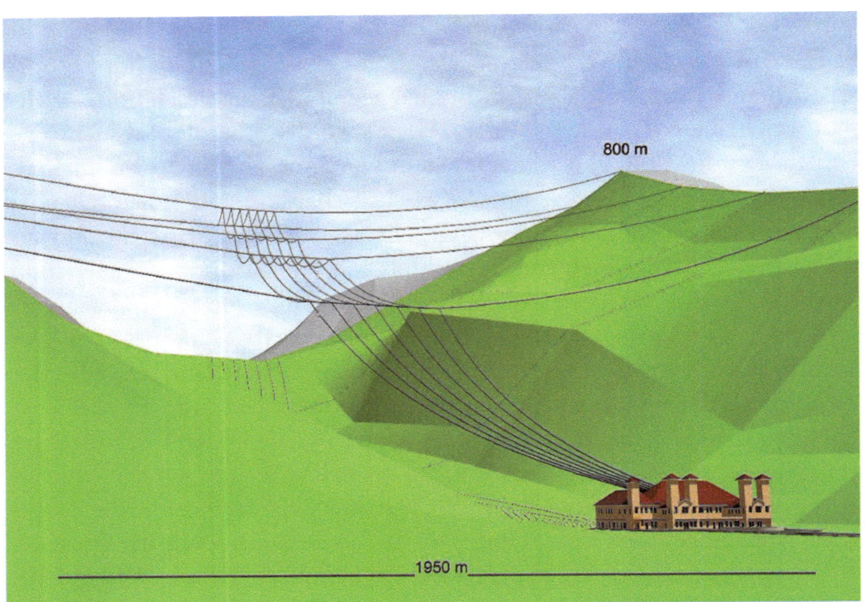

Abb. 4-26, Modell der Bergantenne[32]

---

32 Quelle: https://radiokootwijk.nu/geschiedenis-malabar/bandoeng-2/

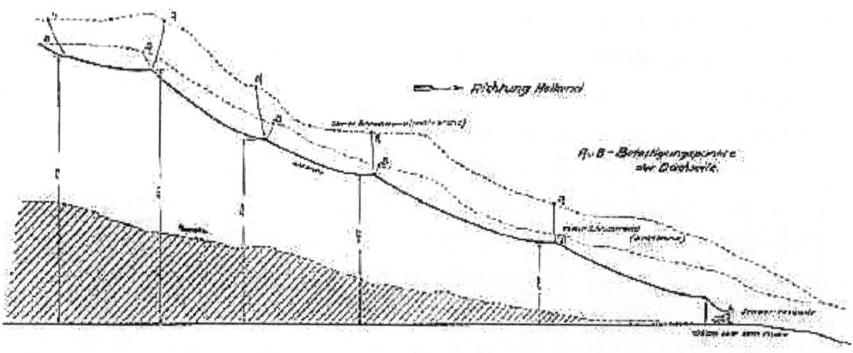

Abb. 4-27, Längsschnitt durch die Malabar-Schlucht mit Bergantenne

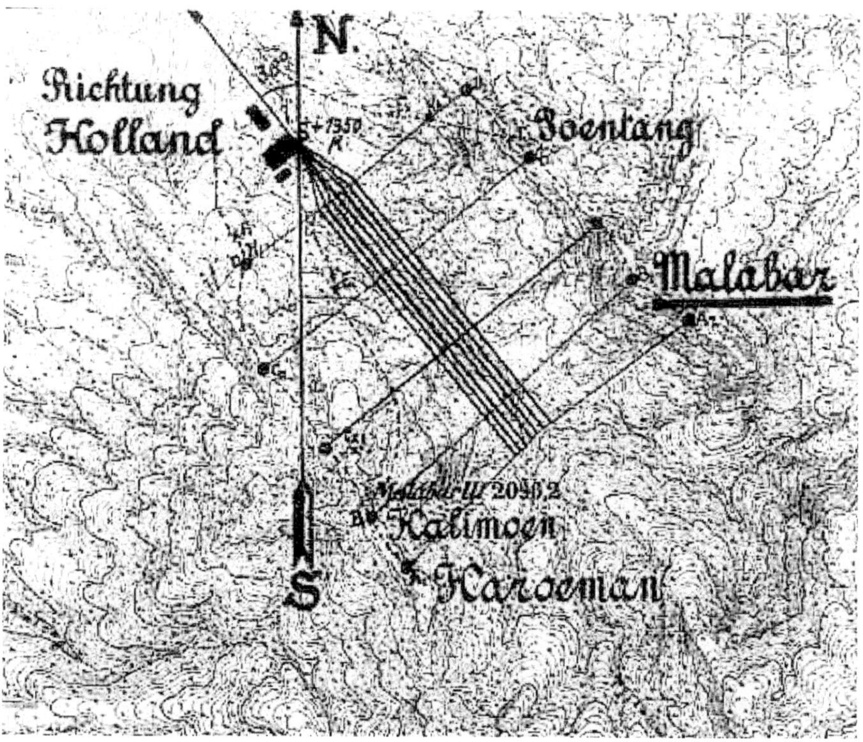

Abb. 4-28, Lageplan der Bergantenne

Abb. 4-29, Die Antennen-Schaltanlage

Für die Erdung der Station und Antenne wurden am Ausgang der Schlucht ein mehrere Kilometer langes Erdnetz und kupferne Erdplatten eingegraben. TELEFUNKEN entwickelte für die Verlegung des Erdnetzes einen speziellen Pflug. Der von zwei Wasserbüffeln gezogene Pflug grub einen schmalen, 50 Zentimeter tiefen Graben. Gleichzeitig wurde darin das kupferne Erdkabel verlegt und der Graben wieder zugeschüttet. Dieser spezielle Pflug wurde erstmals in Malabar eingesetzt. Trotz der regelmäßigen Regengüsse war die Erdung von Malabar relativ schlecht.

Eine weitere Verbesserung wurde durch den Einbau einer Tourenregulierung in den Hochfrequenz-Maschinensender erzielt. Damit konnte man erreichen, dass die ausgestrahlten Wellen konstant blieben. Außerdem wurde eine Tastdrossel anstelle des Tastrelais verwendet. Nun konnte man in wesentlich schnellerem Rhythmus die Morsesendungen aussenden. In dieser Beziehung war nun die Anlage von TELEFUNKEN der von Marconi weit überlegen. Nun konnten auch Schreibmaschinenlocher eingesetzt werden, deren gelochte Streifen mit rasender Geschwindigkeit die Morsezeichen aussendeten.

Die Sendungen von Nachrichten und Telegrammen wurden immer schneller und in Sekunden übermittelt. Die Sendeanlage arbeitete infolgedessen immer wirtschaftlicher. In Anlage 1 ist ein Bericht von Dr. H. Verch aus der TELEFUNKEN-Zeitung Nr. 22 vom März 1921 über die Schnelltelegraphie auf Großstationen. Für technisch Interessierte ist dieser Bericht sicherlich interessant.

Abb. 4-30, Ein Schreibmaschinenlocher

Abb. 4-31, Ein gelochter Streifen für Morseschrift

Wie der TELEFUNKEN Oberingenieur Moens berichtete, wurde der Konkurrenzkampf der beiden Firmen TELEFUNKEN und Marconi auf Java in friedlicher und freundlicher Art bestritten. Er schrieb:

Beide Sender, sowohl der Lichtbogensender, wie auch der TELEFUNKEN Hochfrequenz-Maschinensender, haben in gemeinschaftlichem Arbeiten, jeder der beiden Sender für seine bestimmte Aufgabe arbeitend, im Betrieb mit Holland, Deutschland, Indochina, Japan etc., nützliche Arbeit im Weltfunkverkehr geleistet, dem modernen Verkehrsmittel, das die Völker verbindet und einander näherbringt.

Bereits am 24. Januar 1922 wurde die Station Malabar von E. W. L. von Faber, dem Leiter der niederländisch-indischen PTT[33], eingeweiht.

Abb. 4-32, Ankunft der Leiters der niederländisch-indischen PTT an der Station Malabar, Januar 1922[34]

Am 18. Juli 1922 – einige Monate vor dem Marconi-Lichtbogensender – wurde der TELEFUNKEN-Hochfrequenz-Maschinensender mit dem Rufzeichen PKX auf den Wellenlängen 7500 Meter, 10 000 Meter, 15 000 Meter und 20 000 Meter für die Übertragung von Morsezeichen in Betrieb genommen. Die niedrigste Frequenz lag somit bei 15, die höchste bei 40 Kilohertz. Sofort konnte eine sichere Verbindung bei Tag und Nacht mit der vorläufigen Gegenstation Sambeek in Holland hergestellt werden. Nun konnten bereits Regierungstelegramme abgesetzt werden. Nur sechs Monate später war auch die von TELEFUNKEN gebaute Gegenstation Kootwijk fertiggestellt, sodass nun der gegenseitige direkte Verkehr zwischen Holland und Java aufgenommen wurde. Es war ein Ereignis von historischer Bedeutung! Es wurde etwas Großartiges geschaffen!

Als nun auch die Gegenstation Kootwijk fertiggestellt war, wurde die Station Malabar am 5. Mai 1923 nochmals offiziell eingeweiht, diesmal vom Generalgouverneur Dirk Fock, da von nun an die Anlage nicht nur für Nachrichten der Regierung, sondern auch für die Öffentlichkeit zugänglich war. Auch Privatpersonen in Niederländisch-Indien konnten nun Nachrichten nach Holland senden – und umgekehrt.

---

33 Posterijen, Telegrafie en Telefonie, öffentliches Post- und Telekommunikations-unternehmen von Niederländisch-Indien
34 Collectie Tropenmuseum MTnr_10007081

Abb. 4-33, Der Generalgouverneur Dirk Fock hält eine Rede anlässlich der Eröffnung von Malabar für die Öffentlichkeit[35]

Abb. 4-34, Plakette anlässlich der Einweihung von der Radio-Station Malabar am 5. Mai 1923[36]

Abb. 4-35, Die Festgesellschaft[37]

---

35   Ibid., ohne Registriernummer
36   Ibid., MTnr_60011504
37   Ibid., MTnr_4516787

Abb. 4-36, Die holländische Kommission unter Führung von Professor van der Bilt von der Technischen Hochschule Delft, beauftragt mit der Übernahme der TELEFUNKEN-Maschinensenderstation Malabar auf Java, besucht die Großstation Nauen bei Berlin.

Obwohl der Marconi-Lichtbogensender als der stärkste der Welt bezeichnet wurde, war die funktechnische Verbindung mit Holland nicht zufriedenstellend. Nur während einer relativ kurzen Zeit guter Wellenausbreitung war eine Verbindung während der Nacht möglich. Man versuchte, die Sendeleistung zu steigern, indem man die Lichtbogenkammern mit Wasserstoff füllte und mit einem starken Magnetfeld umgab. Die bronzenen Lichtbogenkammern mit einem Gewicht von 4 Tonnen wurden in der Vulkanwerft in Stettin gefertigt. Aber auch diese Veränderungen bewirkten keine einschneidende Verbesserung der Zuverlässigkeit einer Funkverbindung mit Holland.

Georg Graf von Arco[38] war ein deutscher Physiker, der gemeinsam mit seinem Lehrer Adolf Slaby maßgeblich an der Entwicklung und Erforschung der Hochfrequenztechnik beteiligt war. Bis 1931 war er der Technische Direktor von TELEFUNKEN und für den wissenschaftlichen und technischen Bereich zuständig. In der TELEFUNKEN-Zeitung Nr. 22 vom März 1921 veröffentlichte er eine Gegenüberstellung der Vor- und Nachteile der Lichtbogen-, Maschinen- und Röhrensender. Für technisch Interessierte habe ich den Artikel dieses Wegbereiters der Funktechnik in Anlage 2 wiedergegeben.

38   1869–1940

Der Ausbau der Großstation Nauen mit leistungsstarken Sendern war sein größter Verdienst. TELEFUNKEN stieg dadurch zur Weltfirma auf und wurde schnell weltweit die erste Ansprechadresse für drahtlose Telegrafie.

Als TELEFUNKEN die Gegenstation in Kootwijk sechs Monate später fertiggestellt hatte, konnte sofort der Funkverkehr zwischen Holland und Java aufgenommen werden. Über so eine große Entfernung war es damals weltweit die erste Funkverbindung, mit der ein zuverlässiger Verkehr bei Tag und Nacht aufrechterhalten werden konnte. Der seit langem in Holland und Niederländisch-Indien gehegte Wunsch einer drahtlosen Verbindung zwischen den beiden weit entfernten Gebieten ging nun in Erfüllung. Die neue Verbindung wurde ein Bindeglied zwischen Europa und ganz Südost-Asien, denn auch für die Nachbarstaaten von Niederländisch-Indien wurde nun der Telegrammverkehr über Malabar abgewickelt. Viele Zweifler und Kleingeister jener Zeit waren nun auch überzeugt, dass das unmöglich Geglaubte doch möglich war. Es war der TELEFUNKEN-Bauleiter und Oberingenieur K. Moens mit seinen Mitarbeitern Noppen, Kirchhoff und Nyzelius, die ab 1917 – ohne Verbindung mit der Heimatgesellschaft in Berlin – unter anfänglich schwierigen Umständen ununterbrochen die Arbeit vorantrieben. Zusammen mit weiteren niederländischen und javanischen Mitarbeitern konnten sie mit technischem Können und Ausdauer die Arbeiten mit Erfolg abschließen.

Die beiden führenden Gesellschaften auf dem Gebiet des Weltfunkverkehrs, der deutsche TELEFUNKEN-Konzern und Marconi, verwendeten anfangs verschiedene Codes für den Telegrammverkehr mit Morsezeichen, die nicht kompatibel waren. Die Entschlüsselung auf der Empfangsseite war aus diesem Grunde sehr aufwändig. Man entschloss sich daher schon Anfang der 1920er Jahre, einen gemeinsamen Code zu entwickeln. Es wurde die ‚Telefunken-Marconi Code Aktien Gesellschaft‘ gegründet. Damit wurde die Möglichkeit telegrafischer Verständigung ohne Kenntnis der fremden Sprache gegeben. Codes dieser Art bestehen bis heute, zum Beispiel beim Flugfunk oder den Q-Gruppen und Zahlen-Codes beim Amateurfunk und anderen Funkdiensten. ‚QTH Bonn‘ bedeutet ‚Der Standort meiner Funkstelle ist in Bonn‘, ‚QRU‘, ‚Ich bin momentan beschäftigt‘ oder ‚QRT‘ ‚Ich stelle meine Sendung ein‘. Es gibt über 250 Q-Gruppen, die immer aus einem ‚Q‘ und zwei weiteren Buchstaben zusammengesetzt sind. Als ich 1954 im Alter von 21 Jahren die Amateurfunkprüfung machen durfte, musste man neben Morsen mit mindestens 60 Buchstaben pro Minute auch diese Q-Gruppen noch auswendig beherrschen. Zustätzlich gibt es noch einen im Amateurfunk bis heute gültigen Zahlen-Code. Zum Beispiel bedeutet ‚55' ‚Viel Erfolg' und ‚88' ‚Liebe und Küsse' zur Verabschiedung einer Funkerin.[39] Durch Verwendung solcher Buchstabengruppen anstelle von ganzen Sätzen wurden die Telegramme in der Morse-Telegrafie durch den TELEFUNKEN-Marconi-Code erheblich kürzer und dadurch auch billiger. In Anlage 3 habe ich einen Bericht in der TELEFUNKEN-Zeitung Nr. 22 vom März 1921 wiedergegeben, aus dem weitere Einzelheiten zu diesem Code ersichtlich sind. War das Morsen schon für viele Menschen eine Geheimsprache, so wurde die Sprache durch den TELEFUNKEN-Marconi- oder den Q-Code noch viel geheimnisvoller.

Bei den Arbeiten auf der TELEFUNKEN Baustelle gab es mehrmals Unterbrechungen aufgrund abergläubischer Ängste der Arbeiter. Dies zeigt ein Bericht in der TELEFUNKEN-Zeitung Nr. 29 vom Januar 1922.

Indonesien, der größte Inselstaat der Welt, ist auch das größte islamisch geprägte Land der Welt. Von seinen derzeit über 270 Millionen Einwohnern sind fast 90 Prozent Muslime. Der weitaus größte Teil vertritt einen moderaten Islam. Neben dem einzigen und alleinigen Allah im Islam dürfte es eigentlich keine weiteren Gottheiten, Geister oder Dämonen geben. Trotzdem wird man dort bis heute auf Schritt und Tritt mit anderen Göttern, Magie und Geistergeschichten konfrontiert. So huldigen zum Beispiel javanische Reisbauern immer noch der hinduistischen Gottheit *Dewi Sri*, der Göttin der Reispflanzen. Auch das Wort *Guna Guna*[40] für ‚bösen Zauber' oder ‚schwarze Magie' hat für mich einen unheimlichen Klang. Es gibt, glaube ich, nicht einen einzigen Indonesier, für den diese okkulten Dinge nicht real existieren, Aberglaube durchtränkt alle seine Handlungen. Da auch ich bei Projekten von den 1960er bis in die 1980er Jahre mit diesem Aberglauben zu tun hatte, will ich den Bericht von K. Moens, dem TELEFUNKEN-Bauleiter, der diesen Bericht 1922 schrieb – also genau vor 100 Jahren – hier ungekürzt wiedergeben:

Großstationsbau und javanischer Aberglaube[41]
Brief des Bauleiters der TELEFUNKEN Großstation auf Java.
Bandoeng[42]*, den 25. VIII. 1922*
Sie sandten mir einen Zeitungsausschnitt aus dem «Nieuwe Rotterdamsche Courant» über Einflüsse und Folgen des Aberglaubens bei unseren Arbeitern am Groß-

39 Von Rechtsradikalen wird diese Zahlenkombination auch als Code für ‚Heil Hitler' (zweimal der 8. Buchstabe im Alphabet) verwendet, aber natürlich nicht im Amateurfunk, da bedeutet 88 ‚Liebe und Küsse'.
40 Siehe Horst H. Geerken, *Der Ruf des Geckos*, S. 328–339
41 TELEFUNKEN-Zeitung Nr. 29, Jahrgang V, Januar 1923, *Großstationsbau und javanischer Aberglaube*, von K. Moens, S. 37–39
42 Heutige Schreibweise: Bandung

stationsbau in der Malabarschlucht. Danach sollen einige während des Baues vorgekommene Unglücksfälle von den abergläubischen Arbeitern in ursächlichen Zusammenhang mit dem Umhauen eines heiligen Baumes gebracht worden, und infolgedessen unter ihnen eine drohende Stimmung entstanden sein. Tatsächlich ist ein solcher Baum, zwar nicht von uns, sondern von der Bauleitung des Gouvernements-Radio-Dienstes abgehauen worden, wo sich auch die Unglücksfälle, auf die der Zeitungsartikel hinweist, zugetragen haben. Gewiss hätte sich die schlechte Stimmung der dortigen Arbeiter auch auf unsere ausdehnen, und demzufolge der landesübliche Aberglaube die Leute zur Arbeitsniederlegung bzw. Abwanderung nach ihren heimischen Wohnorten führen können. Glücklicherweise ist es nicht dazu gekommen. Unsere Leute sind nach wie vor ruhig und zufrieden, aber auch beim Gouvernements-Radio-Dienst hat das Abhauen des Baumes nicht zur Arbeitsniederlegung geführt. Der Berichterstatter hat also mindestens stark übertrieben.

Der heilige Waringinbaum ist ein großer, schöner und viel Schatten spendender Baum, den man hier ebenso häufig auf Dorfplätzen, wie in Deutschland die Linde, antrifft. Dieser Schönheit und Nützlichkeit ist es wohl in der Hauptsache zuzuschreiben, dass ihn die Eingeborenen als den Göttern geweiht ansehen und seine vorsätzliche Vernichtung als ein Verderben bringendes Unglück betrachten. Muss aber ein solcher Baum infolge hohen Alters einmal beseitigt werden, so verlangt der Aberglaube, dass dem Abholzen des Baumes ein Sühneopfer, verbunden mit einer Festlichkeit (Selamatan) vorausgeht, bei dem ein Büffel oder ein anderes Tier geschlachtet und feierlichst aufgegessen wird. Ein solcher Selamatan ist denn auch in Malabar veranstaltet worden. Der Baum musste entfernt werden, weil er für die Dorfbewohner zur Gefahr wurde, war doch bereits ein Arbeiter von einem herabstürzenden Aste erschlagen worden.

Etwas später ist dann ein Frachtauto des Radio-Dienstes von einer Brücke gestürzt, wobei zwei Menschen getötet und einige verwundet wurden, worauf sich auch sonst noch einige weitere Unglücksfälle ereigneten. Der Berichterstatter hat beide Ereignisse aufgegriffen, und in der Annahme, dass beim Fällen des Baumes die heiligen Gebräuche außer Acht gelassen waren, daraus für seine Zeitung einen interessanten Artikel gemacht. Dabei ist er aber etwas stark pessimistisch gewesen. Dieser Pessimismus wäre gewissermaßen verständlich, wenn er die Malabarschlucht zufällig gerade in der Regenzeit kennen gelernt hätte, denn während dieser ist die Schlucht meist von dichtem Nebel erfüllt, sodass zwischen den hohen Felsenwänden eine unheimliche Dunkelheit herrscht. Man glaubt dann in eine Art Wolfsschlucht geraten zu sein.

Immerhin ist die Fertigstellung der Station durch einen Unfall beim Hochziehen der Bergantenne, wobei sich ein auf 9 bis 10 Tonnen Zug beanspruchtes schweres Drahtseil aus dem Kabelschuh löste, und dadurch die Antenne und die Abspannung zerriss, stark verzögert worden. Bei diesem Unfall wurden leider *drei Mann getötet und mehrere schwer verletzt. Die Verzögerung in der Fertig-stellung wird mehrere Wochen dauern.*

Unsere Arbeiter, wie alle Javaner abergläubisch veranlagt, sind durch diesen weiteren Unfall natürlich ängstlich geworden und die Gefahr, dass sie weitere Arbeit verweigern würden, lag nahe. Der Radio-Dienst hat darum nachträg-lich einen Wasserbüffel schlachten lassen und eine Sühnefestlichkeit veranstaltet. Ganz zufrieden sind die Leute aber dennoch nicht, denn nach ihrer Meinung hätte die Festlichkeit, um Unglücksfälle zu vermeiden, **vor** *dem Hochziehen der Antenne stattfinden müssen.*

Die Volksmeinung will hier selbst vor der Ingebrauchnahme eines Hauses und seiner Einrichtung ihren Selamatan haben. Schon bei der Inbetriebnahme der Kraftzentrale haben wir daher einen Selamatan gegeben, ebenso jetzt wieder bei Fertigstellung der Maschinensenderanlage. Man tut eben gut, dem Aberglauben der Leute Konzessionen zu machen, denn sonst kann es vorkommen, dass der Maschinenwärter gelegentlich vergisst, die Maschine richtig anzulassen oder zu ölen, und dann haben natürlich die ‚Bösen Geister‘ ihr Spiel getrieben.

Der Selamatan beginnt mit der feierlichen Beerdigung des Kopfes des ge-schlachteten Wasserbüffels, worauf die übrigen Teile des Büffels bei einem Fest-mahle verzehrt werden. Beim Selamatan zu Ehren der Fertigstellung des Tele-funken-Gebäudes wurde der Kopf, der in ungewaschene Leinwand eingehüllt war, wie dies auch zur Beerdigung der Leichname der Islam-Javaner vorgeschrie-ben ist, tief unter dem Erdnetz der Station begraben, um ihn vor jeder späteren Entweihung zu bewahren.

Dieser Feierlichkeit wohnte auch Herr Dr. de Groot, der Leiter des Niederlän-disch-Indischen Radio-Dienstes bei. Ihm, sowie den übrigen Herren des Radio-Dienstes wurde beim sich anschließenden Festessen unser Dank für ihre Anwe-senheit und das angenehme Zusammenarbeiten ausgesprochen. Abends war dann Empfang der auf Malabar wohnenden Damen und Herren des Radio-Dienstes, die der javanischen Festlichkeit beigewohnt hatten. Bei dieser Gelegenheit wurden ein sehr kunstreiches, einheimisches Puppenspiel (Wajang[43]), javanische Tänze, einheimische Musik usw. vorgeführt. Als Festräume dienten die jetzt leeren La-gerräume, in denen früher die Kisten für die 400 MK-Anlage gestanden haben.

Die Festlichkeit, deren Hauptmomente – feierlicher Aufzug, Beerdigungsstel-le, Kampfspiele, Puppenspiel – waren nicht nur ein Dankopfer dafür, dass bis jetzt die Montage der Telefunken-Anlage gut und glatt verlaufen ist, sondern auch, wie die einheimische abergläubische Meinung es will, ein Bürge dafür, dass den Telefunken-Anlagen im Dienste der Niederländisch-Indischen Radiotelegra-phie ein dauernder, voller Erfolg beschieden sein möge.

K. Moens.

---

43 Heutige Schreibweise: Wayang

Abb. 4-37, Eine Seite aus der TELEFUNKEN-Zeitung[44] von einem Selamatan anlässlich der Fertigstellung des Gebäudes für den 400 Kilowatt TELEFUNKEN-Maschinensender. Ein Büffelkopf wurde bei Gamelanmusik und Gebeten beerdigt.

44   TELEFUNKEN-Zeitung Nr. 29, Jahrgang V, Januar 1923, S. 37–39

4. Die Funkstation Malabar auf Java

Die hinduistische Vergangenheit Javas hat im Islam in Indonesien bis heute Spuren hinterlassen. Selbst der Sultan von *Yogyakarta* opfert immer noch einmal jährlich mit einer großen Prozession seine das ganze Jahr über abgeschnittenen Haare, Fuß- und Fingernägel der Meeresgöttin *Ratu Kidul*, der Gottheit des südlichen Meeres. Die Religiosität eines Indonesiers ist geprägt von der alten javanischen, balinesischen und sumatranischen Sozialkultur, sowie von vielen Subkulturen und vom Koran mit seiner Vermischung von Hinduismus, heidnischem Animismus und dem *Adat*, den alten Sitten und Gebräuchen der verschiedenen Stämme.

Immer wieder muss ein *Selamatan*, ein Weihefest, durchführt werden, um die bösen Geister zu besänftigen. Es gibt viele Anlässe für einen *Selamatan*: Geburten, Todesfälle, um Unglück abzuwenden, für die Einweihung eines Hauses oder eines Projektes, wie bei dem Projekt Malabar.

Einen *Selamatan* musste auch ich organisieren und arrangieren, als es auf der Baustelle eines 100 Kilowatt TELEFUNKEN-Kurzwellen-Rundfunksenders in *Tjimanggis*[45] für das Projekt *Ganyang Malaysia* gleich zu Anfang der Montage einen schweren Unfall gab. Das steife Coaxkabel, das als Verbindung zwischen Sender und Antenne eingesetzt werden sollte, hatte einen Durchmesser von etwa 20 Zentimetern und da es auf einer riesigen Kabeltrommel von über vier Metern Durchmesser aufgerollt war, stand es unter einer extremen Spannung. Als nun ein indonesischer Arbeiter unerlaubterweise das festgezurrte Ende des Kabels löste, schnellte das schwere Kabel wie eine Peitsche hoch und versetzte ihm einen tödlichen Schlag.

Bevor die Arbeit weitergehen konnte, musste zunächst ein *Selamatan* veranstaltet werden, um die bösen Geister zu besänftigen und um die Harmonie mit ihnen wiederherzustellen und zu festigen. Es wurde viel gebetet, zwei Ziegen wurden geschlachtet, ein Ziegenkopf wurde an der Unfallstelle vergraben, der andere beim Antennenmast. Der Rest der Ziegen wurde gegrillt und gegessen. Nun war alles wieder in bester Ordnung, die Arbeiter waren wieder zufrieden und die Arbeiten konnten unter Hochdruck weitergehen. *Du hättest schon vor Beginn der Arbeiten einen Selamatan machen müssen,* sagte mir der indonesische Vorarbeiter, *dann wäre nichts passiert!*

Die Längstwellenstation Malabar brachte enorme wirtschaftliche Vorteile für Niederländisch-Indien. Wenn man bedenkt, dass zu der Zeit ein Frachtschiff von der Nordsee nach Java noch meist mehr als 30 Tage unterwegs war und die wenigen Post- und Passagierflugzeuge ab Mitte der 1930er Jahre mit vielen Zwischenlandungen für diese Strecke rund zehn Tage brauchten, raste

---

45 Heutige Schreibweise: Cimanggis

die Längstwelle mit einer Nachricht über die TELEFUNKEN-Anlagen in nur einem Sekundenbruchteil nach Holland.

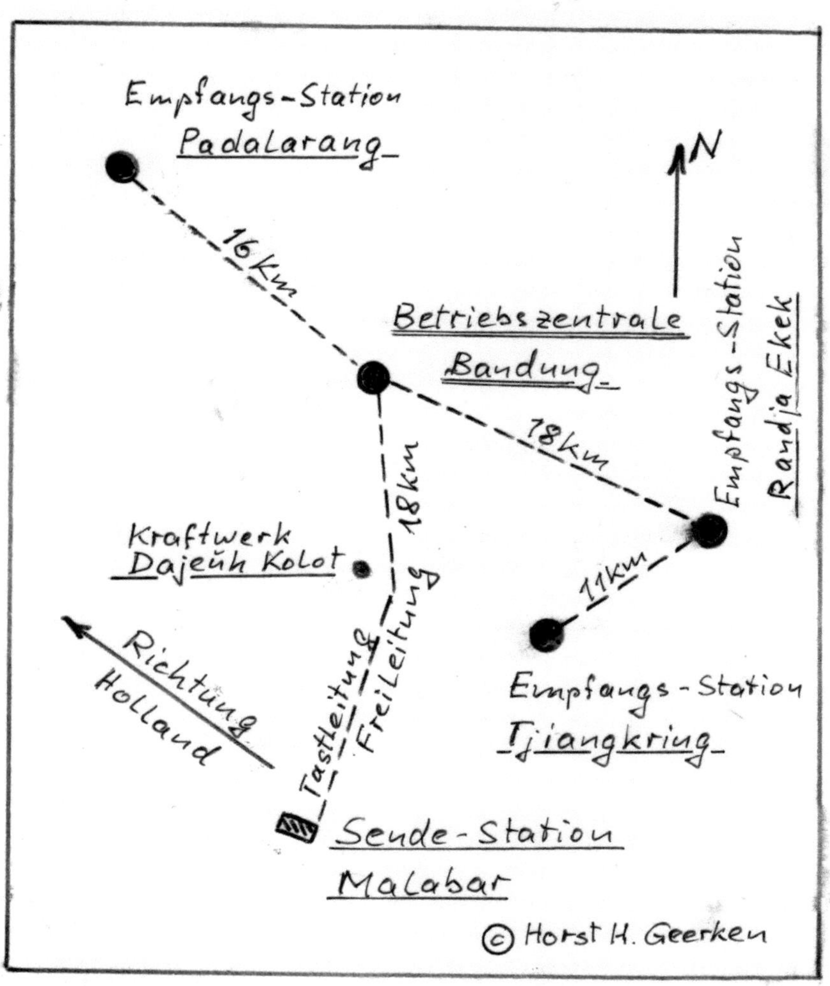

Abb. 4-38, Gesamtübersicht der Station Malabar mit Betriebszentrale Bandung, den verschiedenen Empfangsanlagen und dem Kraftwerk.

Abb. 4-39, Radio Malabar nach der Fertigstellung[46]

---

46   Collectie Tropenmuseum, MTnr_60011491

5. Die Gegenstation Kootwijk in Holland

Der Entwurf des Sendegebäudes in Kootwijk wurde von dem niederländischen Architekten Julius Luthmann erstellt. Er lehnte sich an die Bauweise der großen Sendestation in Nauen an. Kootwijk wurde von 1918 bis 1922 im Art-Déco-Stil aus Beton erbaut. Wie in der Station Malabar in Niederländisch-Indien wurde auch hier der TELEFUNKEN 400 Kilowatt Hochfrequenz-Maschinensender für Morsebetrieb installiert. Die Sendeantenne war zwischen fünf 210 Meter hohen Antennentürmen aufgehängt. Diese Antennentürme waren kreisförmig in einem Durchmesser von 1200 Metern angeordnet. Der zentrale Mast stand am Fuße des Übertragungsgebäudes.

Abb. 5-1, Die Sendestation in Kootwijk, Holland, während der Bauarbeiten 1922[47]

Abb. 5-2, Das Sendegebäude von seitlich hinten[48]

47   Wikipedia Public Domain
48   https://commons.wikimedia.org/w/index.php?curid=8603409

Abb. 5-3, Der Portalschmuck über dem Haupteingang von Radio Kootwijk. Er stellt eine Allegorie auf die Radiotelegrafie dar, Senden – Empfangen

Abb. 5-4, Einer der sechs 210 Meter hohen Antennenmasten

*Abb. 5-5, Antennen-
fuß mit Isolatoren
und Aufstiegspodest
eines der 210 Meter
hohen Masten*

Die Sendeanlage Kootwijk wurde auf einem 450 Hektar großen unbewohn-
ten und abgelegenen Gebiet aufgebaut, um andere Funkdienste so wenig wie
möglich zu stören. Um das Bau- und Antennenmaterial sowie die schweren
Geräte zur Baustelle zu transportieren, wurde von der nur fünf Kilometer
entfernten Ortschaft Assel eine Schmalspurbahn nach Kootwijk verlegt.
Durch die Nähe zur Ortschaft Assel hieß das Projekt bei TELEFUNKEN
auch ‚Radio Assel'. 1920 wurden Büros mit darüber liegenden Wohnungen
für TELEFUNKEN-Ingenieure und die niederländische Bauleitung erstellt,
ebenso Unterkünfte für rund 150 permanente Mitarbeiter in der Nähe der
Funkstation.

Die Empfangsanlage für Radio Kootwijk war in der Nähe der 60 Kilometer entfernten Ortschaft Sambeek.

6. Der Funkbetrieb

Als TELEFUNKEN bereits 1909 das Patent für Elektronenröhren von Robert von Lieben erwarb und intensiv weiterentwickelte, gab es einen entscheidenden Fortschritt in der Technik der Telekommunikation. Die höheren Frequenzen der Kurzwelle wurden ja den Funkamateuren als ‚Spielwiese‘ überlassen. Dabei stellte man fest, dass man dort mit wesentlich geringeren Leistungen große Entfernungen überbrücken konnte. Und mit der Elektronenröhre konnte man mit viel geringerem Aufwand Sender bauen, mit denen man erheblich höhere Frequenzen als mit Maschinensendern erzeugen konnte.

Diese nun erreichbaren mittellangen und kurzen Wellen werden an der elektrisch leitenden Heaviside-Schicht aus ionisiertem Gas in der Ionosphäre reflektiert. Die überbrückbaren Entfernungen unterliegen jahreszeitlichen Schwankungen und werden von der Sonnenfleckenaktivität beeinflusst. Trotzdem überwiegen die Vorteile von Kurzwellenübertragungen gegenüber den Längstwellen bei Weitem. Plötzlich belegten kommerzielle Sender die Kurzwellen und verdrängten die Funkamateure, denen nun einige schmale Kurzwellen-Frequenzbänder zugeteilt wurden. Während der ‚Third National Radio Conference‘ vom Oktober 1924 wurde in den ‚Recommendations for Regulation of Radio‘ die Frequenzbänder den jeweiligen Diensten Polizei, Militär, Regierung, Schifffahrt und so weiter, zugeordnet. Auch die Funkamateure bekamen zunächst Frequenzbänder im 160, 80, 40, 20 und 5 Meter-Band zugewiesen, die allerdings im Laufe der Jahre immer weiter beschnitten wurden, damit mehr Frequenzen für kommerzielle – und rentablere – Funkdienste zur Verfügung standen.

Mit Elektronenröhren-Sendern war es nun auch einfach möglich, sie mit Sprache oder Musik zu modulieren. Bereits 1928 wurden in Malabar und Kootwijk die ersten Elektronenröhren-Sender aufgebaut. Danach wurden der Lichtbogen- und der Maschinensender obsolet. Über die Erkenntnis, dass ein Elektronenröhren-Sender gegenüber einem Lichtbogen- oder Maschinensender weit überlegen ist, schrieb Dr. Graf Arco einen ausführlichen Bericht in der TELEFUNKEN-Zeitung vom März 1921.[49]

Am 7. Januar 1929 wurde der Telefonverkehr zwischen Kootwijk und Malabar eröffnet. Es war die niederländische Königinmutter Emma, die die ersten legendären Worte sprach:

49   Siehe Anlage 2

Abb. 6-1, Die Königinmutter Emma[50]

Hallo Bandoeng! Hallo Bandoeng! Hoort u mij? Dit is Den Haag!
Hallo Bandung! Hallo Bandung! Hört ihr mich? Hier ist Den Haag!

Ihre Worte ‚Hallo Bandung! Hallo Bandung!' stehen in keinem Zusammenhang mit dem späteren patriotischen Marschlied ‚Halo, Halo Bandung'. Am 24. März 1946, sieben Monate nach der Unabhängigkeitserklärung durch Präsident Sukarno, zerstörten niederländische Truppen den südlichen Teil Bandungs durch Feuer. Dieser Vorfall, der als *Bandung Lautan Api* (Bandung was a sea of fire) in die indonesische Geschichte einging, inspirierte den indonesischen Sänger und Musiker Ismail Marzuki zu diesem patriotischen Lied. Das Lied wurde ein Symbol für den Unabhängigkeitskampf Indonesiens.[51]

In den vier größten Städten der Niederlande richtete man in den Telegrafenämtern sogenannte *Indie-cellen* ein, Telefonzellen, in denen Privatpersonen mit ihren Familienangehörigen in Niederländisch-Indien telefonieren konnten. Das war jedoch extrem teuer. Ein Drei-Minuten-Gespräch kostete fast einen Wochenlohn. Nur an Samstagen gab es 30 Prozent Rabatt. Ende 1935 wurde Malabar durch einen stärkeren Kurzwellensender ausgebaut.

---

50   Collectie Tropenmuseum, ohne Nummer
51   Englischer Text: https://en.wikipedia.org/wiki/Halo,_Halo_Bandung.
Das Lied: https://www.youtube.com/watch?v=b2rxiT2gypQ

Abb. 6-2, Die Telefonzelle für den ‚Radio Telefonie-Dienst' in Bandung[52]

Auch Rundfunkübertragungen aus Europa, die dann über kleinere Kurzwellensender der NIROM[53] über den Archipel verteilt wurden, wurden über die Station Malabar empfangen und dann an die kleineren Sender weitergeleitet. Obwohl es seinerzeit nur wenige Radio-Empfangsanlagen gab, waren diese Rundfunk-Sendungen für die Niederländer in ihrer südost-asiatischen Kolonie von großer Bedeutung.

Die vielen störanfälligen Seekabel und Überlandleitungen innerhalb des Archipels wurden im Laufe der Jahre durch den Ausbau des drahtlosen Nachrichtenverkehrs mehr und mehr überflüssig.

Wie wichtig die Anlage Anfang der 1930er Jahre war, beschreibt der Journalist Erwin Berghaus in seinem 1934 erschienenen Buch *Propeller überm Paradies*, in dem er über einen der ersten Linienflüge der KLM von den Niederlanden nach Batavia berichtet, der zehn Tage dauerte. Aus diesem Buch möchte ich hier einen Abschnitt zitieren:[54]

Ein Gespräch mit Holland ... Im Haus der Radiostation begibt sich die Zauberei. Da sitzen wir, jeder einen Hörer am Kopf, in bequemen Sesseln um einen runden Tisch herum; zwölftausend Kilometer entfernt sitzt einer in seinem Sessel

---

52   Collectie Tropenmuseum, TMnr_6001940
53   Nederlandsch-Indische Radio-Omroep Maatschappij
54   Berghaus, Erwin, *Propeller überm Paradies*, 1934, S. 103–105

im Haag. Nichts als die blaue Luft der gekrümmten Erdoberfläche ist zwischen uns und ihm, dem Generalsekretär der KLM. Vor zehn Tagen wünschte er uns auf dem Flugplatz Schipol gute Reise. Jetzt können wir ihm mündlich mitteilen, dass sein Wunsch in Erfüllung gegangen ist. Wir tun es ohne viel höfliche Floskeln – in gezählten sechzig Sekunden wollen dreißig Fragen gestellt und beantwortet sein. Hüben und drüben haben wir die gleichen Listen in der Hand; es wird nur die Zahl genannt, und das ist schon die Frage. Wie viel Post, wie viel Fluggäste? Wie sehen die Flugplätze im Monsungebiet aus? Gesundheitszustand an Bord? Sind Ersatzteile nötig – wann, wo? … Das geht wie am Schnürchen bis zum ‚Auf Wiedersehen!‘

Eine Unterhaltung zwischen zwei Welten und doch so klar verständlich wie zwischen Berlin-Zentrum und Berlin-Wilmersdorf. Drüben, im Gebirge von Malabar, sind die Kabel der Großfunkstation zwischen den Gipfeln ausgespannt, werden die Berge selbst zu Masten. Da wird der Sender gespeist, der die Stimme des Menschen über Urwälder, Wüsten und Meere wirft. Auch wenn Europa mit Bangkok spricht, geht die drahtlose Welle über Malabar. Hier in Bandung ist nur ein Ohr und ein Mundstück. Wir haben eine Weile warten müssen, ehe wir an die Reihe kamen. Es herrscht Hochbetrieb, obwohl es, an dem Gulden gemessen, lauter goldene Worte sein müssen, die man hier von sich gibt. Im Überwachungsraum darf ich, als Neugieriger von Beruf, auch ein paar Gespräche mit anhören, die mich nichts angehen. Ich werde ‚zwischengeschaltet‘, ich bekomme einen Kopfhörer umgehängt, und das ist das Wunderbare daran: mein linkes Ohr hört Europa sprechen, mein rechtes Asien. Nie sind meine Ohren so weit voneinander entfernt gewesen; mitten durch meinen Schädel läuft gleichsam eine Linie, die zwölftausend Kilometer lang ist. Ich bin auf ebenso eilige wie trockene Wortwechsel gefasst gewesen – vom Kontor zur Pflanzung: Gummi-, Tabak-, Kaffeenotierungen an der Londoner Börse, kauft oder kauft nicht! Stattdessen lausche ich da in private Geschichten hinein, in überaus private. Links ist gerade eine Amsterdamer Großmutter, die Geburtstag hat und der nun ihre in den Tropen lebenden Kinder – bei mir rechts – aufs herzlichste gratulieren. Dass sie ihren Jan und die Marie so deutlich vernimmt, als säßen sie neben ihr in der Stube, das kann die alte Dame ebenso wenig begreifen wie ich. Vor mir sitzt der Beamte, der die Verbindung überwacht, den Finger an der Stoppuhr. Sowie die Großmutter einen Satz nicht verstanden hat oder eine Frage wiederholen muss, stellt er vorübergehend die Uhr ab. Ich habe den Eindruck, er tut das sogar, wenn sich Jan in Java, dem gerade die Tränen über die Backen rollen, mal die Nase putzt. Man soll hier auch was haben für sein Geld! Und nach den zwei Minuten erkundigt er sich in den beiden Erdteilen gleichzeitig: ‚Wollen Sie weitersprechen?‘ Wenn ja, beginnt eine neue kostbare Minute, und wenn nicht, dann kriegen die Sprechenden – auch das ist eine liebenswürdige

*Einrichtung – noch zwanzig Sekunden einfach geschenkt: zum Abschiedneh-
men, zum Austausch der letzten drahtlosen Küsse. Ich höre sie von einem Ohr
zum andern durch meinen Schädel sausen.*

1937 gab es einen Tag, der nicht so schnell vergessen wurde. Es war eine Pre-
miere in der Rundfunktechnik. Die niederländische Prinzessin Juliana und
Prinz Bernhard feierten am 7. Januar 1937 ihre Hochzeit. Von einem frühe-
ren Besuch in ihrer Kolonie Niederländisch-Indien wussten sie, dass zu jener
Zeit Prinzessin Gusti Raden Nurul, die Tochter des Sultans Mangkoenegoro
VII von *Solo*[55] in Ostjava, mit großem Abstand die beste und eleganteste
Tänzerin am Hofe des Sultans – ja, sogar ganz Javas – war. Das niederländische Hochzeitspaar wünschte, dass Prinzessin Gusti Raden Nurul zu ihrer
Hochzeitsfeier in Holland ihre Künste zeigen würde. Die Prinzessin wurde
von ihnen eingeladen. Das wäre an und für sich nichts Außergewöhnliches
gewesen. Aber nur Prinzessin Gusti Raden Nurul reiste nach Holland, ohne
das umfangreiche Gamelan-Orchester des Sultans. Das Orchester umfasste
40 Mann und mit deren Instrumenten – Buckelgongs, Kesselgongs, Xylo-
phone, Trommeln und Bambusinstrumente in verschiedenen Größen – wäre
vermutlich eine Reise nach Holland zu aufwändig geworden. Man vertraute
auf die Zuverlässigkeit von Radio Malabar.

Die Musiker aus *Solo* wurden mit ihren Instrumenten in das Rundfunk-
studio in *Bandung* gebracht, wo sie zu einer zuvor festgelegten Zeit spielten.
Die Gamelanmusik wurde über den Großsender Malabar an die Gegensta-
tion Kootwijk übertragen und von dort an den niederländischen Hof weitergeleitet. Hier wurde die Gamelanmusik über Lautsprecher ausgestrahlt und
Prinzessin Gusti Raden Nurul zeigte nun nach der ihr bekannten Musik des
Hoforchesters ihre Tanzkünste vor dem Hochzeitspaar und den geladenen
Gästen. Die Vorführung wurde ein voller Erfolg, nicht nur für die Prinzes-
sin wegen ihrer Tanzkünste, sondern auch für die Station Malabar, denn die
Übertragung der dazugehörenden Musik aus *Bandung* klappte einwandfrei
und ohne Störung.

Im Zweiten Weltkrieg spielten Kootwijk und Malabar nochmals eine wich-
tige Rolle. Am frühen Morgen des 10. Mai 1940 erhielten deutsche Truppen
und Fallschirmjäger den Befehl ‚Fall Gelb‘. An diesem Tag überfielen deutsche Truppen die neutralen Niederlande und erhielten Schützenhilfe von der
niederländischen Nazi-Partei NSB[56]. Fast gleichzeitig mit dem Überfall wur-

---

55 Auch Surakarta genannt
56 Nationaal Socialistische Beweging, siehe Horst H. Geerken, *Hitlers Griff nach
Asien*, Band 1, 2 und 3

de von der Funkstation Kootwijk das Codewort ‚Berlijn' an die Empfangsstationen von Malabar auf Java ausgestrahlt. Von dort wurde das Codewort sofort an alle militärischen und zivilen Dienststellen in Niederländisch-Indien weitergeleitet. Das Codewort bedeutete neben anderen Maßnahmen die Internierung aller Deutschen und die Beschlagnahme deutscher Besitzungen und aller deutschen Schiffe in den Gewässern Niederländisch-Indiens. Sofort ging die niederländische Kolonialregierung mit brutaler Hand gegen alle Deutschen, gegen die Niederländer mit deutschen Wurzeln, gegen niederländische Mitglieder der NSB und national eingestellte Indonesier vor, die schon lange eine Unabhängigkeit von den Niederlanden gefordert hatten. Es wurde eine regelrechte Hetzjagd eingeleitet. Nicht nur deutsche Männer, selbst Frauen und Kinder wurden mit vorgehaltener Pistole abgeführt und Tausende Mitglieder der NSB und indonesische Nationalisten wurden eingesperrt. Juden, die gerade noch aus Nazi-Deutschland fliehen konnten, kamen nun in Niederländisch-Indien ebenfalls hinter Stacheldraht. Alle waren plötzlich böse *Duitsers* und *Landesverrader*, böse Deutsche und Landesverräter. Lügen und Denunziation waren an der Tagesordnung.

Nach dem Einmarsch standen den deutschen Streitkräften in Kootwijk nun mehrere Kurzwellen- und ein Längstwellen-Sender zur Verfügung. Mit dem Längstwellensender konnte jetzt eine Verbindung mit den in der Nordsee und im Atlantik operierenden U-Booten aufrechterhalten werden. Die Kurzwellensender wurden dem nach Deutschland geflohenen indischen Freiheitskämpfer Subhas Chandra Bose für seine Propagandasendungen nach Indien zur Verfügung gestellt. Diese Sendungen, die zum Widerstand gegen die britische Kolonialmacht in Indien aufriefen, wurden in vielen indischen Landessprachen ausgestrahlt.[57] Durch die dadurch verursachten Unruhen wurden britische Truppen in Indien gebunden und konnten nicht an den Fronten in Europa eingesetzt werden.

Die von den deutschen Soldaten in der Empfangsstation Langevelderslag vorgefundenen Anlagen wurden für eigene taktische Zwecke verwendet. Es waren ziemlich neue, in Holzschränke eingebaute Mehrkanal-Kurzwellen-Empfangsanlagen. Da die Empfangsanlagen – wie Hinweise zeigen – 1943 teilweise repariert und umgerüstet wurden, ist sicher, dass sie für eine Frequenzüberwachung durch deutsche Spezialisten gebraucht wurden. Bekannt ist, dass die Deutschen ab 1943 die Telefongespräche zwischen Premierminister Churchill in Großbritannien und Präsident Roosevelt in den Vereinigten Staaten abhören konnten. Dieser Abhörgeheimdienst auf niederländischem Boden trug den Decknamen ‚Forschungsstelle Langeveld'

---

57 Siehe hierzu Horst H. Geerken, *Hitlers Griff nach Asien*, Band 2, Kapitel 30 und Band 5, Kapitel 82 (noch in Bearbeitung)

und war eine Außenstelle der Reichspost-Zentrale in Berlin. Die Station lag am Strand von Langevelderslag. Hier waren die Empfangsbedingungen am besten, um die Funkgespräche aus Großbritannien zu überwachen. Und hier wurden nach dem Zweiten Weltkrieg auch noch Masten für die Empfangsantennen gefunden. Vorzugsweise wurden für die Abhöraktionen die Empfänger der niederländischen Telekommunikations-Behörden eingesetzt. Die Technik für die Decodierung der Gespräche stammte allerdings aus Deutschland.

Abb. 6-3, Die Antennenmasten im Hintergrund deuten darauf hin, dass diese Aufnahme mit unbekannten deutschen Soldaten in Langevelderslag gemacht wurde[58]

Von Kootwijk aus fand – wie bereits erwähnt – eine Funkverbindung mit den im Westen operierenden deutschen U-Booten statt. Der leistungsstärkste Längstwellensender während des Zweiten Weltkriegs war allerdings der zwischen Hannover und Berlin im Frühjahr 1943 in Betrieb genommene Röhrensender ‚Goliath‘. Er hatte die unglaubliche Leistung von 1000 Kilowatt! Aus dem Zweiten Weltkrieg sind Empfangsbeobachtungen überliefert, die selbst heute noch Funktechniker überraschen. Danach konnten die nach Indonesien und Japan entsandten deutschen U-Boote im Indischen Ozean und der Javasee die Signale des Senders Goliath aus Deutschland noch sicher empfangen. Diese U-Boote waren mit dem TELEFUNKEN-Empfänger

58 https://forum.axishistory.com/viewtopic.php?t=213184

T3PL für einen Frequenzbereich von 5 bis 33 Kilohertz ausgerüstet. Selbst bei einer Tauchtiefe von 14,5 Metern konnten in der Straße von Malakka die Signale von ‚Goliath' noch empfangen werden. Für die damalige Zeit eine unglaubliche Leistung.[59]

Malabar war bis zum Zweiten Weltkrieg, als die Station vermutlich durch japanische Bomben zerstört wurde, die für ganz Südost-Asien wichtigste und leistungsstärkste Funkstation. Von hier aus wurde der drahtlosen Morse- und Telefonverkehr von Kootwijk in Holland nach Malabar auf Java und umgekehrt für ganz Südost-Asien abgewickelt. Alle Telefongespräche nach Singapur und auch nach Bangkok wurden über Malabar geführt und dann weitergeleitet.

---

59   Siehe Horst H. Geerken, *Hitlers Griff nach Asien*, Band 2, Kapitel 33

7. Malabar und seine Gegenstationen heute

Über die Zerstörung von Malabar im Zweiten Weltkrieg gibt es zwei Versionen, wobei die Einwohner von zwei nahegelegenen Dörfern gegensätzliche Geschichten erzählen. Nach der ersten Version soll die japanische Luftwaffe bei der Einnahme von Java im März 1942 die Anlage bombardiert und zerstört haben. So hätten es die Väter des ersten Dorfes noch selbst erlebt und erzählt, heißt es dort. Im zweiten Dorf wird steif und fest behauptet, dass die dem Freiheitskämpfer Sukarno nahestehende nationale Jugend, die der deutschen Hitlerjugend nachempfundene Jugendorganisation der PARINDRA[60], die Anlage zerstört hätte, damit sie während des Unabhängigkeitskrieges nicht in die Hände der zurückkehrenden niederländischen Truppen fiele. Diese beiden Versionen sind bis heute auch ein Streitpunkt zwischen indonesischen Historikern.

Beide Versionen haben ihre Berechtigung. Japanische Truppen waren anfangs in Indonesien als Befreier vom Joch des Kolonialismus willkommen und wurden nicht als Besatzer wahrgenommen. Durch eine Bombardierung Malabars hätten sie die Niederländer in Niederländisch-Indien nachrichtentechnisch vom europäischen Heimatland abgeschnitten. Auch die zweite Version klingt plausibel. Sukarno kämpfte schon viele Jahre gegen den Kolonialismus und wurde deswegen von den Niederländern insgesamt 16 Jahre eingekerkert oder ins Exil geschickt. Seine Jugendorganisation hätte während des Kolonialkriegs nach Indonesiens Unabhängigkeit vom 17. August 1945 Malabar zerstören können, damit die Station nicht erneut an die Niederländer fallen konnte. Ich tendiere allerdings zu der ersten Erklärung, zumal ich auf dem Gelände von Malabar bombentrichterähnliche Einbuchtungen fand.

Ende der 1960er Jahre machte ich einen Ausflug in die Berge südlich von *Bandung*, um zu schauen, ob noch irgendwelche Überreste der Funkstation Malabar zu finden wären. Ich machte mich mit einem geländegängigen Auto auf den Weg. Lange musste ich mich durchfragen. Mein Fahrzeug plumpste auf schlechten Straßen in tiefe Löcher und hüpfte über unerwartete Unebenheiten. Wie gerädert kam ich endlich in die Nähe von Malabar. Dann ging es mit dem Auto nicht mehr weiter. Ich ließ es in einem nahegelegenen Dorf stehen und nahm mir zwei ortskundige Bauern als Führer. Mit ihren langen Parangs[61] schlugen sie einen schmalen Pfad durch den dichten Dschun-

---

60 **Par**tai **Ind**onesia **R**aya
61 Haumesser

gel. Krachend brachen Zweige, Äste und Lianen. Es ging durch wuchernde Schlingpflanzen, über umgestürzte Bäume, vorbei an turmhohen Stämmen. Dornige Zweige streiften mich. Meine beiden Begleiter warnten mich, hier gäbe es immer noch schwarze Panther und viele giftige Schlangen. Aber wir trafen nur aufgeschreckte Affen, die auf schwankenden Ästen vor uns das Weite suchten. Nach gut einer Stunde anstrengenden Fußmarsches erreichten wir das Gelände der ehemaligen Anlage.

Der Dschungel hatte sich das Gebiet zurückerobert. Von der einst berühmten Sendestation Malabar fand ich nur noch einige von Pflanzen überwachsene Fundamente und Ruinen vor. In einer kleinen Lichtung war eine Vertiefung im Boden, wo das ehemalige Kühlwasserbecken gewesen sein könnte. Teile von zerbrochenen Isolatoren aus weißem Porzellan wurden vom Regen aus dem Boden gewaschen. Ansonsten entdeckte ich nur moosüberzogene und überwucherte Baureste von Betonkonstruktionen. Manche Trümmer waren rauchgeschwärzt. Vermutlich hatte es hier ein Feuer gegeben. Das Stationsgebäude hatte zum größten Teil aus Holz und Bambus bestanden, wie auch alle Wohnhäuser.

Von den technischen Anlagen und dem Hochfrequenz-Maschinen- und Marconi-Sender war nichts mehr zu sehen. Sicherlich waren das wertvolle Kupfer und Eisen schon vor vielen Jahren von den ortskundigen Bewohnern der umliegenden Dörfer als Rohmaterial entsorgt worden.

Abb. 7-1, Das blieb von der Sendestation Malabar übrig[62]

62   https://commons.wikimedia.org/w/index.php?curid=77660089

Abb. 7-2, Malabar heute

Meine beiden Begleiter wollten schnell das Gelände wieder verlassen und drängten mich immer wieder zum Aufbruch. Sie fühlten sich hier nicht wohl und waren überzeugt, es würde hier von bösen Geistern nur so wimmeln. Auf diesem Gelände würden ihre verstorbenen Ahnen leben und die hätten ihnen mitgeteilt, dass wir wieder gehen müssten. In den Dörfern Javas herrscht immer noch ein tiefer Aberglaube, verbunden mit Mystik und dem Glauben an Übernatürliches.

Auch ich wollte wieder weg von hier. Die Schlucht ist eng und bedrückend. Drohend erhoben sich die beiden hohen Berge, zwischen denen damals die Bergantenne gespannt war. Dichter Nebel kam auf und ließ das Gebiet in der tiefen Schlucht noch unheimlicher und düsterer erscheinen. Wie konnten es die TELEFUNKEN-Ingenieure hier nur so lange aushalten? Ich wurde aber auch traurig, als ich sah, was von der einst berühmten Sendestation mit ihren weltumspannenden Signalen übriggeblieben ist. Die Station Malabar hatte Großartiges geleistet. Sie war ein Meilenstein in der damals noch jungen Geschichte der Funktechnik. Es war schon Nacht, als ich müde von einem anstrengenden Tag wieder in das Hotel in *Bandung* zurückkam.

Auch das Gebäude der Sendeanlage in Kootwijk ist heute verlassen und die Antennenmasten sind nicht mehr da. Das historische Gebäude wurde allerdings erhalten und kann heute für Veranstaltungen genutzt werden.

Abb. 7-3, Der ehemalige Saal für die Sendeanlagen wird heute für Veranstaltungen genutzt[63]

Die Großfunkstelle Nauen in Brandenburg – 35 Kilometer von Berlin entfernt – wurde am 1. April 1906 von dem TELEFUNKEN-Ingenieur Richard Hirsch ins Leben gerufen. Sie ist bis heute die älteste noch bestehende Sendeanlage der Welt. Im 20. Jahrhundert hatte Nauen den Beinamen ‚Funkstadt‘. Hier wurde bekanntermaßen Pionierarbeit für die Funktechnik

63   https://commons.wikimedia.org/w/index.php?curid=16462912

geleistet. Es hieß: *Nauen kennt die Welt und die Welt kennt Nauen.* Nauen und TELEFUNKEN wurden zum Symbol deutschen Erfindergeistes.

Alleine die Antennen für die Längst-, Lang- und Kurzwellen benötigten in Nauen eine Fläche, die größer als das Fürstentum Monaco war. Nauen wurde zur größten Funkstation Europas. Von hier aus wurde im Ersten Weltkrieg Kontakt mit den deutschen Kolonien in Afrika und Asien gehalten und im Zweiten Weltkrieg wurden von hier deutsche Truppen und U-Boote gelenkt.

Abb. 7-4. Die TELEFUNKEN-Funkstation Nauen um 1918[64]

64 Von unbekannt - alt-deutschland.com – historische Postkarten, PD-alt-1923, https://de.wikipedia.org/w/index.php?curid=7337213

Die Großfunkstelle hat den Zweiten Weltkrieg fast unbeschadet überstanden. Am 17. April 1945 wurde lediglich das Antennenschalthaus durch eine britische Bombe zerstört. Eine Woche später besetzten russische Soldaten die Funkstation und demontierten die Sendeanlagen. In der DDR[65] wurden ab 1954 wieder Rundfunk- und Kurzwellensender für den Auslandsrundfunk aufgebaut. Nach der Wiedervereinigung wurde die Anlage von der Deutschen Bundespost übernommen. Eine 70 Meter hohe Drehantenne aus dieser Zeit steht heute unter Denkmalschutz. Nun dominieren nicht mehr die riesigen Antennen das Gelände, jetzt sind es unzählige Windkraftanlagen.

Anfang der 1970er Jahren wollte ich mit meinem Freund Jürgen Malabar noch einmal besuchen, diesmal alleine, ohne Führer. Wir schafften es nicht, bis zur ehemaligen Sendestation vorzudringen. Heute ist das viel einfacher. Wie mir indonesische Funkfreunde erzählten, sind die Straßen zum nächstliegenden Dorf nun asphaltiert und selbst der frühere Feldweg zur Funkstation Malabar ist nun gut begehbar. Indonesische Funkamateure und andere Interessierte würden die noch vorhandenen Ruinen ab und zu besuchen. Vielleicht gibt es dort irgendwann einmal einen Gedenkstein. Die Pioniere der drahtlosen Telegrafie und die vielen fleißigen javanischen Arbeiter, die dort zum Teil ihr Leben lassen mussten, hätten das verdient!

---

65 Deutsche Demokratische Republik

8. Nach 35 Jahren Pause wieder Amateurfunk in Indonesien – und wieder war es TELEFUNKEN

46 Jahre nachdem der TELEFUNKEN-Hochfrequenz-Maschinensender in Malabar die erste drahtlose Verbindung zwischen dem damaligen Niederländisch-Indien und Europa herstellte, belebte ich nach mehreren Jahrzehnten der Funkstille im Jahr 1968 erneut die Kurzwellen-Amateurfunk-Frequenzbänder. Nun hieß das seit dem 17. August 1945 unabhängige Land Indonesien. Und wieder war es ein TELEFUNKEN-Sender, der dies ermöglichte und nochmals Geschichte schrieb.

Schon vor dem Erhalt meiner ersten deutschen Funklizenz, im Alter von 16 Jahren, begann ich mit einfachen Empfängern und leistungsschwachen Kurzwellensendern zu basteln. Damals wie heute war Schwarzsenden natürlich verboten und wurde durch die alliierten Besatzungsmächte kurz nach den Zweiten Weltkrieg strengstens geahndet. Aber zum Glück ging alles gut! Es gab noch keine effiziente Funküberwachung. 1954, im Alter von 21 Jahren – der damaligen Volljährigkeit – konnte ich endlich die Prüfung zum lizenzierten Funkamateur ablegen und erhielt das Rufzeichen DJ2JB.

Mein Sender der ‚Marke Eigenbau‘ hatte eine Leistung von 500 Watt für Morse- und Sprechfunk mit Amplitudenmodulation. Als Empfänger benutzte ich ein Gerät der US-Luftwaffe, einen ausgemusterten Flugzeug-Röhrenempfänger, der nach dem Zweiten Weltkrieg billig gehandelt wurde. Schon bald hatte ich mit Morsezeichen und Sprechfunk Verbindungen mit der ganzen Welt. Allerdings nicht mit Indonesien! Nach der Unabhängigkeit Indonesiens und dem anschließenden Kolonialkrieg gegen die wiederkehrenden niederländischen Truppen war unter Präsident Sukarno der Amateurfunk noch streng verboten.

Nach Abschluss meines Studiums der Hochfrequenztechnik ging ich 1963 für einen deutschen Konzern nach Indonesien. Mein Auftrag war, dort für die Firma eine Niederlassung aufzubauen. Als passionierter Funkamateur wollte ich mich natürlich auch für die Einführung des Amateurfunks einsetzen und schmuggelte bereits damals mit meinem Umzugsgut einen 100 Watt Sende-Empfänger ins Land.

Nach dem Putsch von 1965 wurde General Suharto der zweite Präsident Indonesiens. Nun bemühte ich mich intensiv bei den zuständigen indonesischen Behörden, eine Amateurfunkgenehmigung zu erhalten. Unterstützt wurde ich dabei von der Deutschen Botschaft, die auch das deutsche

Amateurfunkgesetz in Bahasa Indonesia übersetzte und beglaubigte. Auf Grundlage dieser Übersetzung setzte Präsident Suharto am 30. Dezember 1967 die indonesische Regierungsverordnung über Amateurfunk in Kraft. Nun waren meine jahrelangen Bemühungen endlich von Erfolg gekrönt. Am 3. Juli 1968 erhielt ich vom indonesischen Fernmelderat *Dewan Telekomunikasi RI* endlich meine erste indonesische Funklizenz mit dem Rufzeichen DJ2JB/YB, meinem damaligen deutschen Rufzeichen mit der Landeskennung YB.

Abb. 8-1: Meine erste Sendestation ‚Marke Eigenbau' mit einer Leistung von 500 Watt in Morse- und Sprechfunk (AM), 1955

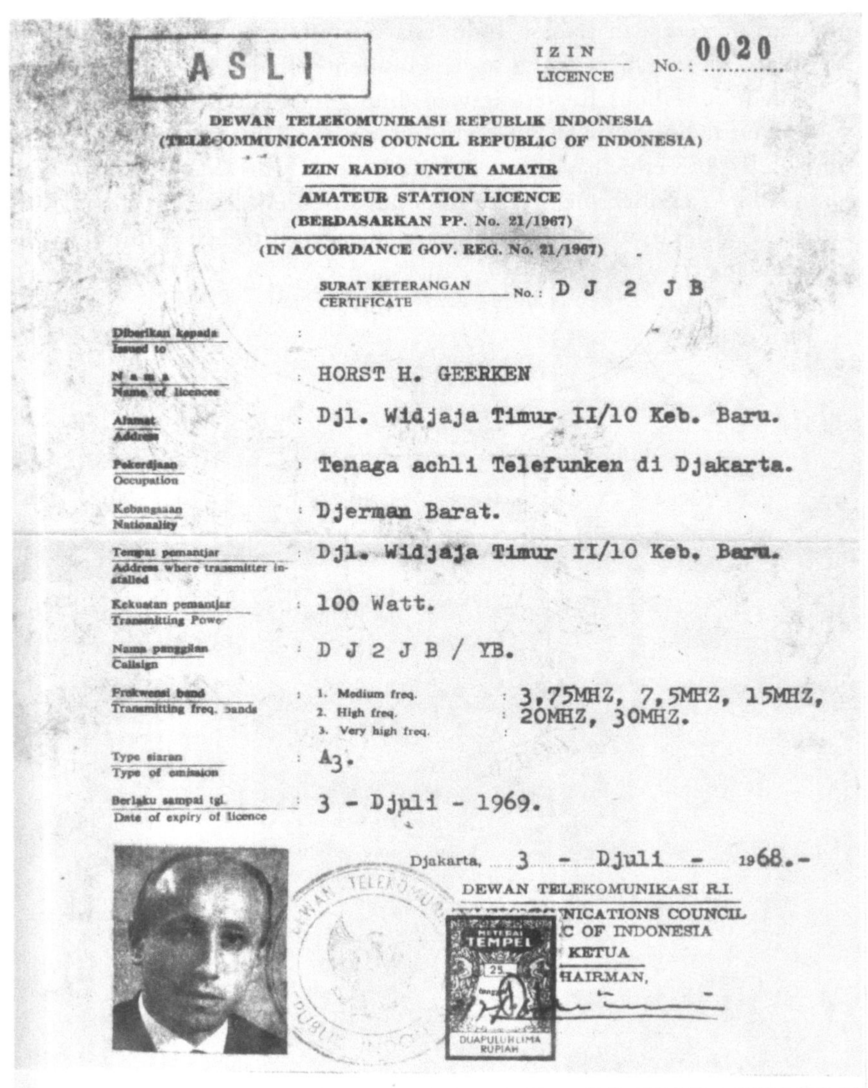

Abb. 8-2: Meine erste indonesische Lizenz mit dem Rufzeichen DJ2JB/YB vom Juli 1968

DJ2JB/YB war das erste offiziell zugeteilte Amateurfunk-Rufzeichen in Indonesien und für ein ganzes Jahr das Einzige. Nach mehr als drei Jahrzehnten Sendepause durfte ich den Amateurfunk auf fünf Frequenzbändern neu beleben. Schon in den 1930er Jahren war der Amateurfunk in Indonesien von der Kolonialmacht Niederlande verboten worden, dann folgte der

Zweite Weltkrieg mit der Besetzung Indonesiens durch Japan und der fast fünfjährige Kolonialkrieg des seit 1945 unabhängigen Indonesien gegen die wiederkehrenden niederländischen Kolonialherren. Das heißt, fast 40 Jahre war während dieser Wirren kein Amateurfunksignal aus Indonesien zu hören! Unzählige Funkamateure rund um die Welt warteten jedoch auf einen Kontakt mit Indonesien, da sie dieses seltene Land für diverse Diplome mit einem Funkkontakt bestätigt haben wollten.

Es ergab sich ein glücklicher Zufall, dass ich diesen Wunsch vieler Funkamateure 1968 erfüllen konnte, allerdings nicht mit meiner bereits vorhandenen 100 Watt Sende- und Empfangsanlage. Mein bestellter drehbarer 3-Element-Beam als Sendeantenne war noch nicht in Jakarta eingetroffen und der dazugehörende Antennenmast, der im Garten meines Hauses in Jakarta aufgestellt werden sollte, war auch noch nicht fertig montiert.

Ganz im Norden der Insel Sumatra liegt die kleine Insel *Pulau Weh* mit der Ortschaft *Sabang*. Dort sollte ein Freihafen als Konkurrenz zu Singapur entstehen.[66] Ich erhielt für meine Firma den Auftrag für den Ausbau der gesamten Telekommunikation und der dafür benötigten Stromversorgung. Neben Richtfunkstrecken für den Anschluss der Insel Weh an das Telefonnetz in Sumatra und den Rest des Landes wurde auch ein 20 Kilowatt ISB-Kurzwellensender mit Empfangsanlagen für internationale Verbindungen bei TELEFUNKEN in Deutschland bestellt. Die Montageleitung der Anlagen hatte mein Freund Jürgen Graaff. Regelmäßig besuchte ich die Insel mit dem Schiff, später mit einer alten Douglas DC3-Dakota aus dem Zweiten Weltkrieg.[67] Bei diesen Besuchen versorgte ich auch Jürgen und die deutschen Monteure mit europäischen Lebensmitteln, die dort damals nicht zu bekommen waren. Täglich gab es für die TELEFUNKEN-Mannschaft nur Reis, morgens, mittags, abends. Da wurde zur Abwechslung ein Stück trockenes Brot wie eine Delikatesse behandelt.

Als die Steuerstufe des Kurzwellen-Sender fertig montiert war, hieß das für mich: Nichts wie hin! Für einen passionierten Funkamateur, wie ich es war, war dies die Chance des Lebens! Als erster Funkamateur Indonesiens konnte ich Indonesien wieder aktivieren, und das von der einsamen und abgelegenen Insel *Pulau Weh* aus.

Gleich nach meiner Ankunft fuhr ich mit Jürgen zur Station. Alles war bereit. Die riesige drehbare Logperiodische Sende- und Empfangsantenne war bereits installiert. Diese wurde zunächst nach Deutschland ausgerichtet und ein erster CQ-Ruf, ein ‚Allgemeiner Anruf‘, erfolgte mit einer Sendeleistung von etwa 100 Watt. Sofort hatte ich Verbindung mit mehreren deutschen

---

66   Siehe Horst H. Geerken, *Hitlers Griff nach Asien*, Band 2, Kap. 28
67   Siehe Horst H. Geerken, *Der Ruf des Geckos,* S. 207ff u. 216ff

Stationen. Durch den hohen Gewinn der Logperiodischen Richtantenne war ich in Europa mit einem bombastischen Signal zu hören. Nun konnte ich endlich mit meinen alten Funkfreunden in der Heimat wieder Neuigkeiten austauschen. Aber schon bald riefen mich unzählige Stationen aus aller Welt. Sie wollten auch mit mir, der Station DJ2JB/YB, in Kontakt treten.

Mehrere Abende hintereinander saß ich nach der Arbeit, manchmal bis weit in die Nacht hinein, an der Funkstation. Je nach der für die Ausbreitungsbedingungen günstigsten Uhrzeit wurde die Antenne auch nach Nordamerika, Südamerika, Australien und Afrika gedreht, um zu testen, ob mit der Sendeanlage alle Punkte der Welt erreicht werden konnten. Es klappte einwandfrei! So konnte ich vielen Funkamateuren die Chance für einen Kontakt mit mir eröffnen. Es waren weit über tausend Funkverbindungen, über den ganzen Globus verteilt, die ich in jenen Tagen abwickelte. Die Station hatte ihre Feuerprobe bestanden!

Wieder in Jakarta musste ich über tausend sogenannte QSL-Karten drucken lassen und an alle Funkamateure verschicken. Diese Karten galten als Bestätigung, dass sie mit mir Kontakt hatten. Diese Bestätigung benötigten sie für diverse Diplome. Indonesien war mit der Kennung YB nun endlich wieder ein neues Land auf der Weltkarte der Funkamateure.

Im Jahr darauf wurde die von TELEFUNKEN gebaute Sendestation offiziell eingeweiht und von nun an wurden von Sabang aus mit einer Leistung von 20 Kilowatt Telefongespräche mit Geschäftspartnern in der ganzen Welt und mit Schiffen auf hoher See direkt abgewickelt.

Abb. 8-3, Meine erste QSL-Karte aus Indonesien mit meiner Kennung DJ2JB/YB

Kurz vor der offiziellen Eröffnung der Anlage hatte ich nochmals kurz Gelegenheit, von der *Pulau Weh* aus auf den Amateurfunk-Bändern aktiv zu sein. Ich konnte nochmals eine ganze Menge Funkamateure glücklich zu machen.

Als meine Funklizenz mit dem Rufzeichen DJ2JB/YB nach einem Jahr abgelaufen war, erhielt ich das neue Rufzeichen YBØAAG. Nun war auch meine Funkstation zu Hause betriebsbereit. Bis zur Beendigung meiner Tätigkeit in Indonesien im Jahre 1981 behielt und benutzte ich das Rufzeichen YBØAAG. Als 1969 die indonesischen Amateurfunk-Lizenzen mit den Anfangsbuchstaben YB ausgegeben wurden, wurden die Amateurfunk-Frequenzbänder durch weitere indonesische und ausländische Funkamateure belebt.

Abb. 8-4, Ein Jahr später erhielt ich das Rufzeichen YBØAAG

Abb. 8-5, Meine Kurzwellen-Funkstation zu Hause in Jakarta

Ein Höhepunkt meiner Amateurfunk-Tätigkeit in Indonesien war der letzte Funkkontakt mit AC3PT, dem Chogyal, dem König von Sikkim, vom 9. April 1975. Sein Königreich wurde an diesem Tag von Indien annektiert und er kam unter Hausarrest. Vermutlich habe ich durch meine Aktion, die Medien auf der ganzen Welt über die Annexion Sikkims durch Indien zu informieren, das Leben des Königs gerettet.[68]

Dear OM Horst Geerken,

Thank you for your QSL card and your great assistance and help when I was forced to make a distress call on April 9th. 1975.

Please understand that I am not allowed to write to you about my delicate position and the event of 1975 since I am still under house arrest and observation. Unfortunately I can not contact you again by radio, because all my equipment has been taken away.

Thank you again for your help to pass on my message to the world. I would like to meet you here in Sikkim in my palace, if the Indian Representatives in Sikkim will allow this.

Thank you, warm regards and 73s.

Yours sincerely,

Chogyal Palden Thondup Namgyal.

Mr. Horst Geerken
YBØAAG
P.O.Box 2280
Jakarta/Indonesia

Abb. 8-6, Dankesbrief des Königs von Sikkim

---

68   Siehe Horst H. Geerken, *Der Ruf des Geckos*, S. 316–327

Eine Einladung vom Chogyal Palden Thondup Namgyal wollte ich mir natürlich nicht entgehen lassen. Ich versuchte es mehrmals, wurde aber jedes Mal von den indischen Behörden abgewiesen. Für Indien war ich durch meine Einschaltung der internationalen Presse eine ,persona non grata', eine unerwünschte Person, in Sikkim. Erst nach dem mysteriösen Tod des Königs erhielt ich eine Einreiseerlaubnis nach Sikkim. Ich durfte sogar mit einem indischen Regierungs-Hubschrauber über die Vorgebirge des Himalaya bis Gangtok fliegen.

Abb. 8-7, Der Autor auf dem Hubschrauber-Landeplatz in Gangtok, der Hauptstadt Sikkims

9. Ausklang

Zwei Mal war es deutsche Funktechnik von TELEFUNKEN, die mit Erstverbindungen aus Niederländisch-Indien und dann dem späteren Indonesien auf dem Gebiet der drahtlosen Übertragung Geschichte schrieb. Heute werden die professionellen Kurzwellen-Sender nicht mehr benötigt. Satelliten, Digitaltechnik und das Internet haben nun das Feld der internationalen Kommunikation übernommen. Allerdings sind wir durch die Digitalisierung, durch Satelliten und Internet auch anfälliger geworden. Mit der alten Kurzwellen-Sendetechnik konnten wir unabhängig von anderen Einflüssen alle Länder dieser Welt erreichen. Werden Satelliten und damit das Internet zerstört, geht gar nichts mehr, kein Telefon, keine Rundfunksendungen ins Ausland, wir haben nicht einmal mehr Strom und Wasser. Ein schreckliches Szenario!

TELEFUNKEN war nicht nur die Firma, die mit ihren Geräten auf Längstwellen und danach auf Kurzwellen Erstverbindungen zwischen Niederländisch-Indien/Indonesien und Europa herstellen konnte. Auch bei Rundfunkempfängern spielte TELEFUNKEN eine maßgebliche Rolle. Schon während der niederländischen Kolonialzeit waren Telefunken-Rundfunkempfänger, wenn es um Qualität ging, die erst Wahl.

Nachdem die Vereinten Nationen im Dezember 1949 endlich den Abzug der niederländischen Truppen aus dem indonesischen Archipel erzwungen hatten und die Zeit der niederländischen Kolonie beendet war, begann TELEFUNKEN sofort mit dem Aufbau einer Fabrik für Rundfunkgeräte in *Semarang* auf Java. Es war die erste Rundfunkgeräte-Fabrik in Indonesien. Bis weit in die 1960er Jahre wurden hier unter deutschem Management verschiedene Modelle produziert.

Das weitaus am meisten produzierte und verkaufte Modell war das speziell für die Tropen entworfene Rundfunkgerät Typ 6654 WK, das mit verschiedenen Netzspannungen und auch mit einer 6 Volt Batterie betrieben werden konnte. Mit den verschiedenen Netzspannungen von 100, 120, 150, 200 oder 230 Volt, mit denen das Gerät betrieben werden konnte, war es universell einsetzbar. Der Batteriebetrieb war besonders für Einwohner von abgelegenen Inseln interessant, die damals noch keine öffentliche Stromversorgung hatten. Bei Batteriebetrieb gab es eine Sparschaltung, um die Betriebsdauer des Rundfunkempfangs bei geringerer Lautstärke zu verdoppeln.

Abb. 9-1, TELE-
FUNKEN *Radiogerät
Typ 6654 WK trop.,
produziert Anfang der
1950er Jahre*

Abb. 9-2, *Werbepros-
pekt von 1953 für das
Modell 6654 WK trop.*

Abb. 9-3, Das Datenblatt für Radiogerät Typ 6654 WK trop.

Besonders interessant für indonesische Hörer waren die Sendungen der Deutschen Welle auf Deutsch und Bahasa Indonesia auf Kurzwelle. Neben der Mittelwelle hatte der Rundfunkempfänger fünf Frequenzbereiche auf Kurzwelle:

KW	1:	26.5	-	20	MHz	/	11.3	-	15.0	Meter,
KW	2:	18.4	-	13.9	MHz	/	16.3	-	21.5	Meter,
KW	3:	12.8	-	9.2	MHz	/	23.4	-	33.0	Meter,
KW	4:	9.9	-	5.7	MHz	/	30.3	-	52.6	Meter
KW	5:	6.8	-	2.15	MHz	/	51.7	-	140.0	Meter.

Die Deutsche Welle wurde 1953 gegründet und strahlte bis 1962 nur Programme in Deutsch aus. Ab 1963, dem Jahr meiner Ankunft in Indonesien, wurde das Programm nicht nur in Deutsch, sondern auch in Bahasa Indonesia auf mehreren Frequenzen nach Indonesien ausgestrahlt. Mit dem bereits erwähnten TELEFUNKEN-Rundfunkgerät war es auf Kurzwelle auf allen Inseln bestens zu empfangen. Von 1963 bis 1981 war ich ein sogenannter

‚Monitor' der Deutschen Welle für Südost-Asien. Regelmäßig machte ich Messungen der Feldstärke der in Deutschland ausgestrahlten Sendungen und beobachtete Störungen durch andere Stationen. Diese Messungen und Beobachtungen meldete ich regelmäßig nach Deutschland, wo dann eventuelle Korrekturen der Frequenzen vorgenommen wurden. Die Sendungen der Deutschen Welle waren in Indonesien sehr beliebt. Leider wurden das Budget und das Personal der Deutschen Welle Ende der 1990er Jahre immer mehr reduziert und die in ganz Indonesien beliebten Sendungen auf Kurzwelle wurden, zum großen Bedauern der Bevölkerung, leider ganz eingestellt.

Die ‚TELEFUNKEN Radiofabrik' in *Semarang* wurde auf Bahasa Indonesia *Paprik Radio TELEPUNKEN* genannt. Das sind keine Schreibfehler. Indonesier können kein ‚F' aussprechen. *TELEPUNKEN* war in ganz Indonesien bekannt und bis Ende der 1970er Jahre **DAS** Rundfunkgerät. Danach dominierten die Japaner mit billigeren Produkten den Markt.

Als ich 1963 zum ersten Mal nach Ubud auf der Insel Bali kam, gab es dort noch kein öffentliches Stromnetz. Jeder vierte Haushalt hatte damals noch ein TELEFUNKEN-Rundfunkgerät, das mit einer Autobatterie als Stromquelle benutzt wurde.

In manchen Haushalten in den Dörfern findet man heute noch dieses Rundfunkgerät. Im *Labuhan*, an der Westküste Javas, entdeckte ich in den 1990er Jahren ein Gerät, das immer noch täglich in Betrieb genommen wurde und einwandfrei funktionierte. Es war natürlich noch ein Gerät mit Elektronenröhren, denn der Transistor wurde erst in den 1950er Jahren erfunden. Obwohl die Röhren in dem in *Labuhan* entdeckten Gerät noch nie erneuert worden waren, war der Klang immer noch gut, allerdings war das grüne ‚Magische Auge' schon ziemlich schwach geworden.

1967 schrieb TELEFUNKEN nochmals Geschichte in Indonesien. Für viele Millionen DM erhielt die Firma den Auftrag für die Lieferung der Geräte und den Aufbau eines Studio-Hauses für die staatliche Rundfunkgesellschaft *Radio Republik Indonesia*. Als Geschenk übergab TELEFUNKEN daraufhin einen 1 Kilowatt UKW[69]-Sender an den indonesischen Rundfunk. Es war der erste UKW-Sender in Indonesien und sogar der erste in ganz Südost-Asien, der Sendungen in FM ausstrahlen konnte. Nach Ende des Zweiten Weltkriegs wurden von den Siegermächten die Frequenzen für die damals üblichen Mittelwellensender neu verteilt. Da Deutschland dabei erheblich benachteiligt wurde, suchte man in Deutschland nach anderen Möglichkei-

69 Ultra-Kurzwelle

ten, einen flächendeckenden Rundfunk zu gestalten. TELEFUNKEN und andere Firmen entwickelten daher Sende- und Empfangsgeräte für die bisher ungenutzten Frequenzen im Ultra-Kurzwellen-Bereich bei einer Wellenlänge um die drei Meter. Gleichzeitig wurde dabei die Frequenzmodulation (FM) verwendet, da diese die bei Mittel- und Kurzwelle üblichen atmosphärischen Störungen ausblendet. Aus der Not heraus wurde in Deutschland der UKW-, international auch FM-Rundfunk genannt, entwickelt und er wurde danach zum Welterfolg.

Der von TELEFUNKEN gelieferte UKW-Sender nahm Anfang 1967 seinen Probe-Sendebetrieb in *Jakarta* auf. Für den Probebetrieb hatte ich eine ganze Menge meiner Tonbänder und Schallplatten mit deutscher Schlagermusik zusammengestellt. Zur großen Freude der deutschen Kolonie liefen diese Bänder Tag und Nacht, so dass diese Station schon bald als die 'Deutsche Welle von Jakarta' bezeichnet wurde. Außer in der ausländischen Kolonie gab es anfangs für den UKW-Bereich nur wenige Rundfunk-Empfangsgeräte. Aber das änderte sich schnell. Wenn man heute irgendwo in Indonesien mit seinem Radio über die UKW-Frequenzen dreht, wimmelt es von Radiostationen, den staatlichen von *Radio Republik Indonesia* und noch mehr privaten. Überall, auf allen der vielen bewohnten Inseln Indonesiens. Es war wieder eine Pioniertat von TELEFUNKEN.

In Zusammenhang mit der Deutschen Welle möchte ich noch von einer erquicklichen Begebenheit berichten. Die Sendungen der Deutschen Welle waren bei aktuellen Berichterstattungen für die deutschen Firmenvertreter und Kaufleute immer noch die wichtigste Brücke nach Deutschland. Zum Beispiel habe ich zu den Bundestagswahlen im November 1972 in zwei benachbarten Häusern von Freunden in *Jakarta* Empfangsanlagen mit professionellen Geräten[70] mit verschiedenen Antennen für Diversity-Empfang zur Verminderung von Schwund aufgebaut. Wir Deutschen wollten – wegen der Zeitverschiebung – während der ganzen Nacht die Auszählung der Stimmen über die Deutsche Welle auf den Kurzwellen-Frequenzen verfolgen. Dass die Sendung bei einem geselligen Beisammensein gleichzeitig in zwei benachbarten Häusern abgehört wurde, hatte einen ganz bestimmten Grund:

In dem einen Haus gab es eine ‚Bangen um Brandt-‘ und im anderen eine ‚Bangen um Barzel-Party‘. Zur Kontrolle des Empfangs wechselte ich immer wieder von einer Party zur anderen und ich konnte feststellen, dass gegen 5 Uhr am Morgen, nach Bekanntgabe des vorläufigen Endergebnisses, die Stimmung in beiden Gruppen gleich gut war und kurz darauf die beiden Wahlpartys in einer gemeinsamen Verbrüderung endeten.

---

70   TELEFUNKEN Überwachungs-Empfänger E 127

9. Ausklang

Von den Längstwellen-Sendern in Malabar über Rundfunk und Amateurfunk auf Kurzwelle bis zu FM-Radio auf Ultra-Kurzwelle – wie wir in diesem Büchlein sahen, nahm deutscher Erfinder- und Pioniergeist in der Funktechnik in Indonesien eine herausragende Stelle ein. TELEFUNKEN gelang es 1922 als erster Firma, eine direkte Funkverbindung zwischen Java und Holland herzustellen, TELEFUNKEN eröffnete nach 1950 die erste Rundfunkgerätefabrik in *Semarang* auf Java, mit einem TELEFUNKEN-Sender wurden nach über 30 Jahren Sendepause in Indonesien die Amateurfunkbänder wieder aktiviert und TELEFUNKEN führte mit einem ersten UKW-Sender in Indonesien den FM-Rundfunk ein. TELEFUNKEN war ein Pionier der Funktechnik und Weltspitze. Heute gibt es die Firma leider nicht mehr und Deutschland spielt heute, im Zeitalter der Digitalisierung, auch nicht mehr die erste Geige in diesem Bereich.

10. Anlagen

Abb. 10-1: Titelblatt der TELEFUNKEN-Zeitung, IV. Jg., Nr. 22, März 1921

Anlage 1: Schnelltelegraphie auf Großstationen, von Dr. H. Verch
Quelle: TELEFUNKEN-Zeitung, IV. Jg., Nr. 22, März 1921, S. 17–25

Schnelltelegraphie auf Großstationen
Von Dr. H. Verch*)

Die drahtlose Telegraphie war bisher überall da am Platze, wo die Drahttelegraphie aus technischen bezw. wirtschaftlichen Rücksichten versagte, während in allen anderen Fällen die Drahttelegraphie aus mancherlei Gründen als das bevorzugte Nachrichtenmittel angesehen wurde. Nach der außerordentlichen Vervollkommnung der drahtlosen Telegraphie in den letzten Jahren beginnt diese jedoch bereits mit ihrer älteren Schwester auch in letzter Hinsicht in heftigen Wettbewerb zu treten und wird darin unterstützt von den bedeutend gesteigerten Verkehrsbedürfnissen der letzten Zeit. So hat die Reichstelegraphenverwaltung bereits zur Entlastung der Linientelegraphen das Reichs-Funknetz für den Inlandsdienst eingerichtet. Ferner hat die Eigenart der schnellen Schwingungen, sich besonders günstig längs guter Leitungen fortzupflanzen, zur „Mehrfach-Telegraphie längs Leitungen" und damit zu einer weit höheren Ausnützung der bereits vorhandenen Drahtleitungen geführt. In einer Beziehung jedoch blieb die Drahttelegraphie zunächst überlegen und zwar in bezug auf die Telegraphiergeschwindigkeit. Während bei ihr die Schnelltelegraphie bereits seit Jahren in Anwendung war, war man bei der drahtlosen Telegraphie lange über den individuellen Hörempfang, der mit ca. 150 Buchstaben pro Minute das Maximum erreicht, nicht hinausgekommen. Erst die Fortschritte und Errungenschaften der letzten Zeit lassen es auch hier als aussichtsreich erscheinen, den Menschen durch die schnell arbeitende Maschine zu ersetzen.

*) Die Zahlen und Bildunterlagen sind von den Herren Leib und Schuchmann.

Die von Telefunken angewandten Schnell-
telegraphiereinrichtungen unterscheiden sich
nach der Art der Zeichenablesung an der
Empfangsstelle nach folgenden drei Gruppen:

    I. Hör-Morsebetrieb,
    II. Schreib-Morsebetrieb,
    III. Typen-Druckerbetrieb.

Besonders für Großstationen mit Dauer-
Verkehr ist die Einführung der Schnelltelegraphie naturgemäß das Gegebene. Für diese
kommen von den unter die eben aufgeführten
drei Gruppen fallenden Einrichtungen folgende
in Frage :

    a. der Phonograph
    b. das Telegraphon   } (Gruppe I)
    c. der Schnellmorseschreiber (Gruppe II)
    d. der Schnelltelegraph v. S & H (Gruppe III)

a—c arbeiten mit der gleichen Senderart, mit
Morsezeichen-Sendern, während d einen
Sender für Typendruck hat. Ueber die
Verwendungsgebiete sei kurz folgendes
vorweggenommen :

Bild 20. Handlocher für Morseschrift

Für Geschwindigkeiten bis zu 600 Buchstaben pro Minute wird an der Empfangsstelle der Phonographen- resp. Telegraphon-Betrieb (a bezw. b) das Gegebene sein; allerdings ist die genannte Geschwindigkeit nur mit Sendern ungedämpfter Schwingungen zu erzielen. Bei Funkensendern bilden ca. 370 Buchstaben die obere Grenze für Morsebetrieb. Der Morse-

Bild 21.   Schreibmaschinenlocher für Morseschrift

schreiber (c) leistet eine Wortgeschwindigkeit von etwa 600 bis 800 Buchstaben in der Minute, Sender ungedämpfter Energie vorausgesetzt. Der Schnelltelegraph von S & H (d) druckt ca. 1000 Buchstaben pro Minute. Die Oekonomie seiner Zeichengebung macht ihn ohne Rücksicht auf die Senderart zu der zweckmäßigsten Betriebsart überhaupt. Besonders für verkehrsreiche Großstationen ist der Schnelltelegraph das in Zukunft allein in Betracht kommende

Betriebsmittel. Im Nachfolgenden seien die einzelnen Schnellgeber- und Aufnahmevorrichtungen besprochen und durch Abbildungen erläutert.

Schnellgeber.

Das Prinzip der Schnellgeber ist folgendes: Der Telegrammtext wird in normaler Schreib- bezw. Tast-Geschwindigkeit in einen Papierstreifen gestanzt. Der so vorbereitete Lochstreifen durchläuft mit großer Geschwindigkeit einen Kontaktmechanismus, der seinerseits die Tastrelais betätigt. Jede Geberanordnung zerfällt in drei getrennte Teile: den Locher, den Geber, das Tastrelais.

Mit Hilfe des Lochers werden die zu sendenden Zeichen in den Streifen gestanzt. Das kann mit dem Handlocher (s. Bild 20), mit dem Schreibmaschinenlocher (s. Bild 21) oder mit dem elektromagnetischen Lochapparat (siehe Bild 22) geschehen. Bild 23 gibt den gelochten Streifen wieder.

Dieser Streifen durchläuft in großer Geschwindigkeit den eigentlichen „Geber", der die gestanzten Zeichen in entsprechende elektrische Impulse umsetzt. Einen „Geber" für Morseschrift, den sogen. Wheatstone-Geber zeigt Bild 24. Der Simens-Schnellgeber (Bild 25)

Bild 22. Elektromagnetischer Lochapparat

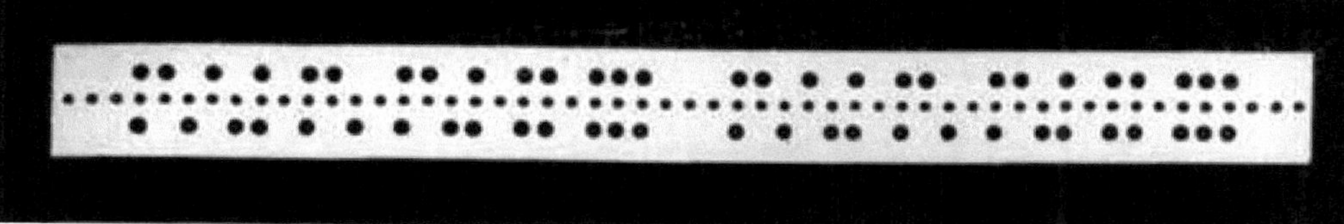

Bild 23. Gelochter Streifen für Morseschrift

arbeitet nicht mit Morsezeichen, sondern mit Impulseinheiten von gleicher Länge für jeden Buchstaben (Bild 26). Bild 27 zeigt die Schreibmaschine zum Lochen der Streifen, Bild 28 den gelochten Streifen. Der Siemens-Schnelltelegraph braucht zur Uebermittlung eines gedruckten Buchstabens nur annähernd die halbe Anzahl von Kontakt-Einheiten, als die mit Morseschrift arbeitenden Schnell-Telegraphen-Systeme, so daß die doppelte Wortzahl übermittelt werden kann. Ferner bietet der Schnelltelegraph den wesentlichen Vorteil,

Bild 24. Schnellgeber für Morseschrift, entwickelt in den Laboratorien von S & H

daß die Buchstaben an der Empfangsstelle in fertiger Druckschrift erscheinen, so daß durch den Fortfall der Zeichenübersetzung erhebliche Zeit gespart wird. Außerdem gibt er einen Kontroll-Streifen (Mitlesestreifen) in Druck-

schrift beim Geben und garantiert einen ge-
wissen Grad der Geheimhaltung, da er nur Impulsserien — keine Morse-Zeichen — aussen-
det.

Die vom „Geber" gelieferten Impulse steuern
das Tastrelais. In Anbetracht der wichtigen
Rolle, die die Tastrelais der Großstationen, besonders in Verbindung mit den Schnellgebern,
spielen, sei hier etwas näher auf ihre Entwicklung eingegangen.

Seit Entwicklungsbeginn der Telegraphie
war die Taste das Organ, mit deren Hilfe die
Telegramme in Form von Morsezeichen aus-
gesendet wurden. Bei der drahtlosen Telegraphie lag sie anfangs direkt im Maschinenkreis
des Senders, den sie rhythmisch öffnete und

Bild 25.   S & H-Schnelltelegraph, Senderseite

schloß. Mit größer werdender Sendeenergie
wurde diese einfache Art der Zeichengebung
unmöglich, da sich die großen Energieen infolge
Funken- bezw. Lichtbogenbildung an der Taste
auf diese Weise nicht mehr tasten ließen. Man
schritt deshalb auf den Großstationen zum

Bild 26 — Impulsserien des S & H-Schnelltelegraphen (Lochschema). Obere Zeile: Zeichen, darunter der zugehörige Buchstabe, darunter die fünf Impulsreihen (● = Loch):

.	/	'	&	3	!	"	.	8	=	§	+	?	–	9	0	1	4	:	5	7	)	2	(	6	,
a	b	c	d	e	f	g	h	i	j	k	l	m	n	o	p	q	r	s	t	u	v	w	x	y	z
		●	●	●	●	●	●	●			●		●	●							●	●		●	●
●	●	●		●		●	●		●	●	●	●	●		●					●	●	●	●	●	●
●		●	●	●	●						●				●	●		●		●	●	●			
	●					●	●			●	●	●		●	●		●	●		●	●		●		
	●	●	●			●	●		●	●				●	●	●	●		●		●				●

Buchstaben u. Zwischenraum	Zeichen u. Zwischenraum	Irrungs-Zeichen ✗	Gleichlauf Zeichen ○	Halt
		●		●
	●	●		●
●	●		●	●
●	●	●		●
●	●			●

Bild 26. Impulsserien des S & H-Schnelltelegraphen

Einbau der Tastrelais. Die Handtaste betätigt zunächst das mit starken Kontakten versehene magnetische Tastrelais, das seinerseits erst die eigentliche Sendeenergie tastet. Um die Funkenbildung möglichst herabzusetzen, werden mehrere solcher Relais hintereinander geschal-

Bild 27. Schreibmaschine zum Lochen der Streifen für den Siemens-Schnelltelegraphen

tet, und durch Druckluftstrom die Bogenbildung beseitigt, wodurch gleichzeitig eine größere Tastgeschwindigkeit ermöglicht wird. Bild 29 zeigt eine solche Tastrelaisanlage.

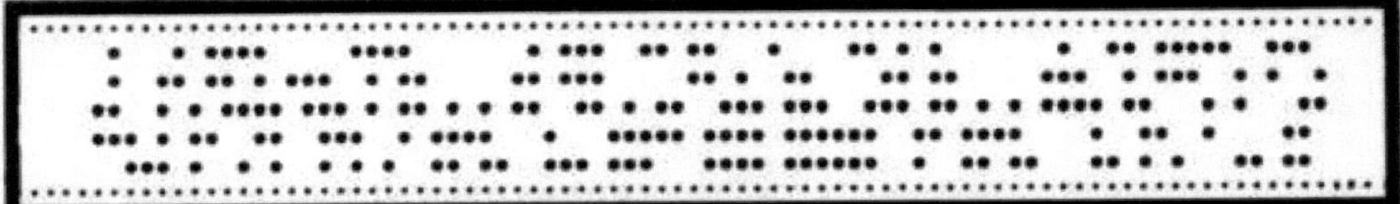

Bild 28. Gelochter Streifen für den Siemens-Schnelltelegraphen

Das schnelle Tasten großer Energien war eine der Hauptschwierigkeiten, die sich der Einführung der Schnelltelegraphie entgegenstellten. Je größer die Sendeenergie ist, desto größer und schwerer muß naturgemäß das Tastrelais sein; andererseits je größer und schwerer die bewegten Kontaktmassen gehalten sind, desto geringer ist die erreichbare Tastgeschwindigkeit. Dabei spielt die Art des Senders eine entscheidende Rolle. So ist der Röhrensender am leichtesten zu tasten, da bei ihm die Taste in den verhältnismäßig schwache Ströme führenden Gitterkreis gelegt wird. Die erforderlichen Relais weisen deshalb nur kleine Dimensionen auf. Es sind Tastrelais für Röhrensender von verschiedener Leistung ausgebildet worden; so zeigt Bild 30 ein Tastrelais für Röhrensender bis zu 10 kW für eine Leistung bis zu 800 Buchstaben pro Min. Bedeutend größere Schwierigkeiten bezüglich des Tastens bereiten der Maschinensender und in noch erhöhtem Maße der Funkensender. Der Telefunken-Hochfrequenz-Maschinensender in Nauen wird von Vollast auf Leerlast getastet, d. h. bei offener Taste ist der Strom in der Antenne absolut Null, wodurch eine scharfe Zeichengebung erzielt wird. Das wurde bisher erreicht durch Einschaltung eines sehr großen Widerstandes parallel zur Taste im ersten Resonanzkreis, so daß bei offener Taste keine Frequenz-Vervielfachung mehr stattfindet (s. Bild 31).

Die Leistung in der Antenne beträgt bei den von Nauen ausgesandten Zeichen ca. 400 kW.

Wie schon oben erwähnt, ist die Konstruktion schnellarbeitender Tastrelais für solche großen Energien außerordentlich schwierig. Die Tastrelaisanlage (Bild 29) arbeitet mit einer Geschwindigkeit von ca. 80 Wörtern p. M. = 350 bis 400 Buchstaben p. M. bei funkenlosem Tasten. Die Kühlung der auswechselbaren Relais-Kontakte erfolgt durch einen Zentrifugalventilator.

Ein neuer Typ eines Tastrelais ist das im Laboratorium von S & H ausgebildete Preßluft-Relais, das besonders für Schnelltelegraphie Verwendung findet (Bild 32). Die Tastgeschwindigkeit dieses Relais ist verhältnismäßig groß; sie beträgt ca. 700 Buchstaben p. M. = 180 Wörter.

Trotz dieser hohen Geschwindigkeit ist mit einigen Preß-Luft-Relais das Tasten sehr großer Energien möglich. Das in Bild 32 vorn links befindliche magnetische Relais betätigt die Steuerung des Preßluft-Zylinders.

Bild 29. Großstations-Tastrelais (Nauen-Anlage)

Bild 30.   Tastrelais für Röhrensender bis 10 kW,
entwickelt in den Laboratorien von S & H

Die Kolbenstange trägt am linken, herausra-
genden Ende eine Scheibe, die im Tastrythmus
gegen die gegenüberliegenden, im Kreise an-
geordneten Kontakte schlägt. Um die an den
Unterbrechungsstellen infolge der starken
spezifischen Belastung herrschende hohe
Temperatur zu vermeiden, wird die Kontakt-
scheibe während des Tastens in schnelle Rota-
tion versetzt, wodurch eine ständige Ver-
schiebung der Kontaktstellen erzielt wird.

Jetzt ist in Nauen eine andere Tastart, die
Osnos-Tastdrossel, eingeführt, die bezüglich
der Schnelltelegraphie sehr aussichtsreich er-
scheint, da sie die Verwendung sehr kleiner
Relais ermöglicht. Diese Tasteinrichtung beruht auf folgendem Prinzip:

Im ersten Resonanzkreis liegt zwischen
Spannungs- und Frequenz-
transformator an Stelle des
bisher verwendeten Wider-
standes eine Selbstinduktion

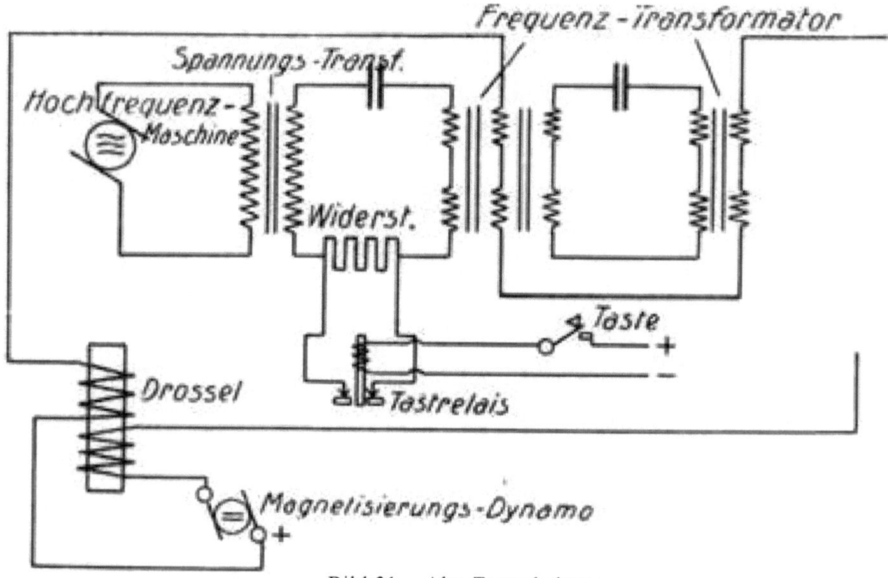

Bild 31.   Alte Tastschaltung

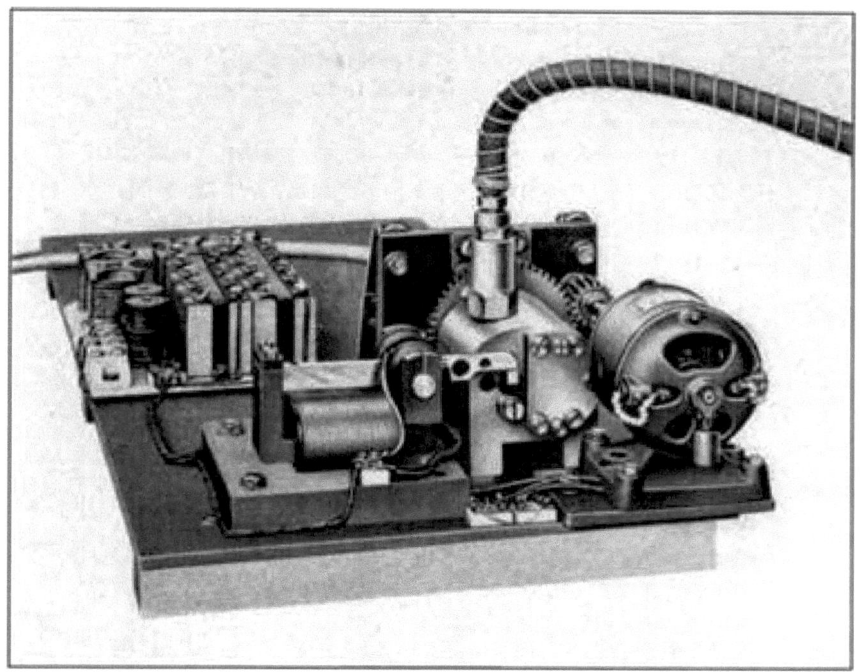

Bild 32.   Preßluftrelais, entwickelt in den Laboratorien von S & H (Versuchsmodell)

mit Einsenkern (a), die den Kreis derart verstimmt, daß keine Frequenzvervielfachung eintritt (Bild 33). Durch einen Gleichstrom, der bei geschlossener Taste T, die auf denselben Kern gewickelte Gleichstromwickelung c durchfließt, wird die Magnetisierung des Eisens so geändert, daß die Selbstinduktion der Spule a Null und die Abstimmung des Resonanzkreises wieder hergestellt wird. Infolge einer besonderen Anordnung der Spule a wird eine Transformationswirkung nach c hin vermieden. Die erforderliche Gleichstrom-Energie ist sehr gering, ca. 10 Amp., so daß sehr kleine und schnell arbeitende Relais zur Verwendung kommen können. Neuerdings wird die Tastdrossel in den Maschinenkreis gelegt.

Schnell-Empfänger.

Den oben beschriebenen Schnell-Sende-Systemen stehen folgende Schnell-Empfangs-Systeme gegenüber:

Hörempfang.

a) Phonograph.

Der Hauptteil der Empfangsapparatur ist ein Phonograph, der sowohl als Aufnahme, wie auch als Wiedergabeapparat benutzt werden kann. Der Kopffernhörer des Telegraphisten wird durch das am Phonographen angebrachte Telephon ersetzt, das die ankommenden Zeichen mit Hilfe einer Hebelanordnung auf die rotierende Wachswalze graviert (s. Bild 34). Die beschriebene Walze wird in langsamem Tempo abgehört. (Die Walze gestattet natürlich ein beliebig oft wiederholtes

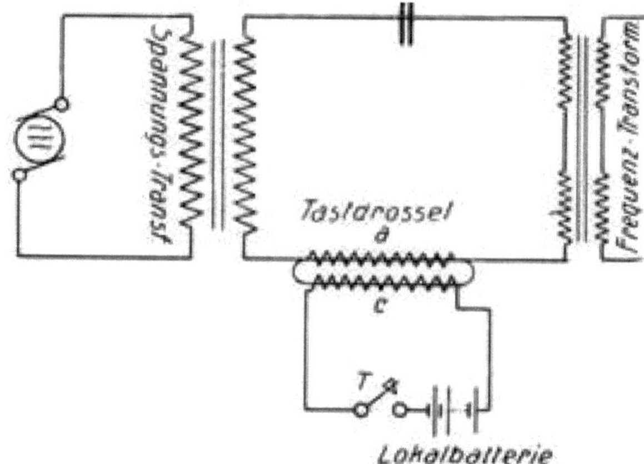

Bild 33. Neue Tastschaltung (Osnos)

Abspielen). Da die Intensität des Tones bei der verlangsamten Wiedergabe abnimmt, ist die 10—50fache Hörbarkeit im Verhältnis zum normalen Hörempfang erforderlich. Die Telephonströme werden zu diesem Zwecke durch einen Telefunken - Vierröhrenverstärker verstärkt. Bei der Aufnahme wählt man zweckmäßig einen möglichst hohen Empfangston, damit bei der Wiedergabe ein noch gut hörbarer nicht zu tiefer Ton erzielt wird. Die Verbindung der Telephonmembran mit dem Schreibstift kann starr oder luftgekoppelt sein. Da das luftgekoppelte System auf Grund zahlreicher Versuche als störungsfreier erkannt wurde, wird für Telegraphie ausschließlich dieses System geliefert. (Bild 34). Jede Station wird mit zwei Aufnahmeapparaten ausgerüstet, damit beim Umschalten auf eine neue Walze keine Unterbrechungen entstehen. Die Aufnahme-Telephone beider Apparate sind parallel geschaltet. Mit dem Phonoschreiber ist eine Geschwindigkeit bis zu 600 Buchstaben erreichbar. Bild 35 zeigt die Aufnahmeapparatur und Bild 36 zeigt den Wiedergabeapparat für Phonoempfang.

b) Telegraphon.

Das Telegraphon von Poulsen beruht auf folgendem Prinzip:

Führt man einen Stahldraht an den Polen eines Elektromagneten vorbei, so markieren sich alle Aenderungen des magnetischen Feldes magnetisch auf dem Draht. Werden also mit Hilfe eines Mikrophons die Magnetwickelungen besprochen, so kann man nach Umschalten der Wicklung auf ein Telephon die magnetisch auf den Draht übertragenen Laute in beliebig wiederholter Folge abhören. Dieses Gerät hat an sich eine schlechtere Leistung als der Phonograph, jedoch gestattet seine elektrische Wirkungsweise auch bei der Wiedergabe Kathodenröhren-Verstärker zu verwenden, wobei die Nebengeräusche sehr gering sind. Der Energiebedarf ist der gleiche wie beim Phonographen. Ein Vorzug ist der Fortfall des Verbrauchers an Wachswalzen. Der Verbrauch an Betriebsmaterial liegt lediglich in den Magnetstiften, die bei intensivem Betrieb häufiger ausgewechselt werden müssen. Bild 37 zeigt ein Telegraphon, das sowohl zur Aufnahme als auch zur Wiedergabe dient, rechts und links oben sind die Stahldrahtrollen sichtbar, in der Mitte das von dem Draht durchlaufene Magnetsystem. Die Drahtwalzen sind auswechselbar, so daß ein starker Verkehr mit zwei Aufnahme- und zwei Wiedergabe-Apparaten bewältigt werden kann.

Die beiden beschriebenen Schnellempfangs-Einrichtungen für automatischen Hörbetrieb, der Phonograph und das Telegraphon sind an sich die einfachsten Systeme zum Empfangen schneller Morsesignale. Sie haben den Vorteil, daß bei der Wiedergabe die eigentlichen Telegra-

Bild 34. Schreibsystem für Phonoschreiber mit Luftkopplung

Bild 35. Phonoempfang (Aufnahmeapparat)

phierzeichen und die Störungen durch das Gehör getrennt werden können, Annehmlichkeiten des Hörempfanges, die dem später beschriebenen Schreibempfang naturgemäß fehlen. Wie durch zahlreiche eingehende Versuche festgestellt wurde, kann der Störer selbst dann noch einwandfrei ausgeschieden werden, wenn seine Lautstärke ebenso groß als die Lautstärke der eigent-

lichen Zeichen ist. Ein we-
sentlicher Vorteil dieser Einrichtungen ist endlich die
Möglichkeit des wiederholten
Abspielens.

Schreibempfang.

Während bei den eben
besprochenen Aufnahme-

Bild 36. (Wiedergabeapparat)

systemen der Faktor des subjektiven und dadurch von menschlichen Eigenschaften abhän-
gigen Abhörens, wenn auch indirekt, immer
noch vorhanden ist, enthalten die beiden folgenden Systeme bis zum geschriebenen Zeichen bezw. gedruckten Buchstaben nur ma-
schinelle Vorrichtungen, die objektiv erschei-
nende Buchstaben liefern.

Die für die Schreibempfänger erforderlichen
magnetischen Relais verlangen eine Gleich-
richtung der Telephonströme. Einen sogenann-
ten Ein-Röhren-Gleichrichter, der für diese
Zwecke Verwendung findet, zeigt Bild 38. Er
gestattet jedoch nur eine Aufnahme bis zu
600 Morsebuchstaben p. M. und ist in der

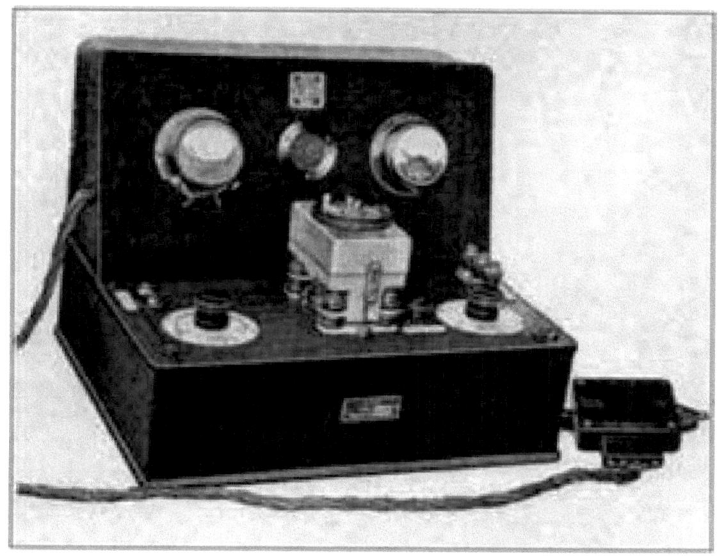

Bild 37.   Telegraphon, geeignet zur Aufnahme und Wiedergabe

Bild 38.   Einröhren-Gleichrichter mit Relais

Leistung sowohl wie in der Bedienung dem Zweiröhren-Gleichrichter bedeutend unterlegen. Das Prinzip des Zweiröhren-Gleichrichters (s. Bild 39) ist kurz folgendes:

Das vom Verstärker kommende Wellenzeichen wirkt durch den Transformator V auf das Gitter G_1 der Röhre A. Im Anodenkreis dieser Röhre liegt die Relaiswicklung a und ein Widerstand R. Fließt durch die Röhre A ein Strom (Anodenstrom), so wird a belastet, die Relaiszunge also gegen Kontakt 1 gelegt; gleichzeitig wird an den Enden des Widerstandes R eine Spannungsdifferenz erzeugt, die dazu benutzt wird, dem Gitter G_2 der Röhre B ein negatives Potential zu geben. Durch entsprechende Dimensionierung von R wird dem Gitter G_2, gerade soviel Gegenpotential erteilt,

daß durch die Röhre B und damit auch durch die im Kreise liegende Relais-Wickelung b

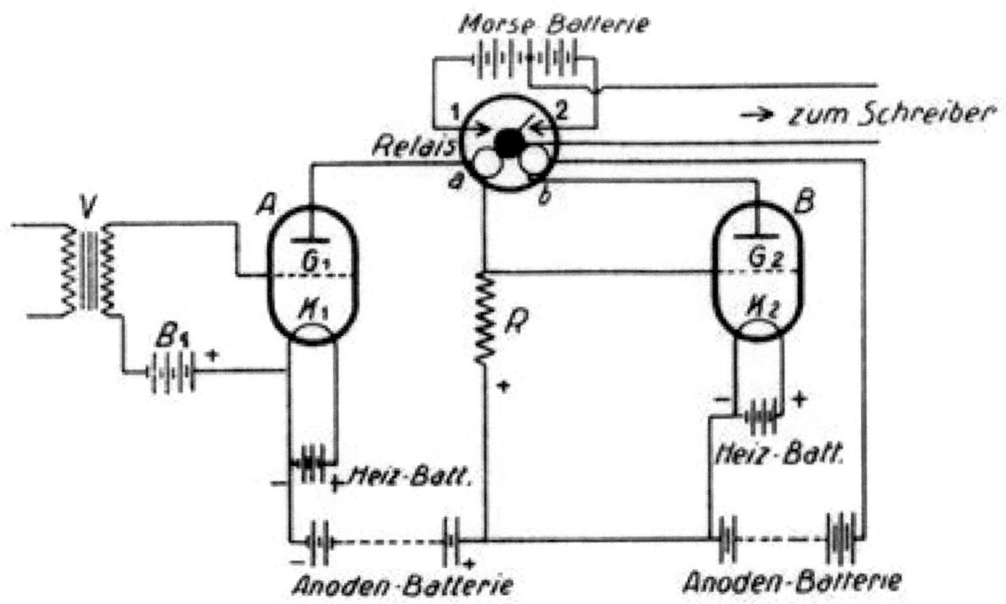

Bild 39.   Schaltbild für den Zweiröhren-Gleichrichter

kein Strom fließt. Im Ruhezustande, also wenn kein Wellenzeichen empfangen wird, wird durch eine Hilfsbatterie (B1) dem Gitter G_1 so viel Gegenpotential gegeben, daß der Anodenkreis der Röhre A mit der Relaiswicklung a und dem Widerstand R stromlos ist. Der jetzt fehlende Spannungsabfall an R und das dadurch fehlende Gegenpotential an G_2 bedingt einen Stromfluß durch B und b. So treten wechselseitig die beiden Relaiswicklungen a und b in Funktion und steuern die Relaiszunge, die den Schreibapparat betätigt. Durch Regulierung des Heizstromes und Einstellung einer bestimmten Anodenspannung kann man leicht erreichen, daß durch die Spulen a und b der gleiche Strom fließt. Bild 40 zeigt den Gleichrichter: Oben in der Mitte das Relais, rechts und links die zur Regulierung des Heizstromes bezw. Anodenstromes erforderlichen Instrumente. Unten die Handgriffe der Regulierwiderstände usw. Vorn unten der Anschluß für den Schreiber.

Bild 40. Moderner Zweiröhren-Gleichrichter

c) Der Schnellmorse.

Der Schnellmorseschreiber unterscheidet sich im allgemeinen von dem gewöhnlichen Morseschreiber dadurch, daß alle beweglichen Teile wegen der großen Geschwindigkeiten möglichst klein und leicht gehalten sind und das Magnetsystem nach Art eines polarisierten Relais ausgebildet ist. Der Antrieb geschieht mit Hilfe eines Elektromotors. Bild 41 zeigt das Laboratoriums-Modell des Schnellmorse. Störungen, die ein Viertel der Lautstärke der gewollten Zeichen nicht überschreiten, haben auf den Schnellmorse keinen Einfluß.

d) Der Siemens-Schnelltelegraph.

Der Empfangsapparat des Siemens - Schnelltelegraphen, den das Bild 42 zeigt, benötigt zum Betriebe die gleichen Apparate wie der Schnellmorse: Gleichrichter und Vorrelais. Er liefert direkt lesbare Schrift und gleichzeitig gelochte Streifen zur eventuellen unmittelbaren Weitergabe der Telegramme auf Drahtleitungen, wodurch eine wesentliche Ersparnis an Personal erreicht wird. Wie schon erwähnt, übermittelt er bei derselben Tastleistung die doppelte Buchstabenzahl im Verhältnis zum Morseschreiber, so daß eine Großstation, die

Bild 41. Laboratoriumsmodell eines Schnellmorseapparates
mit Motorantrieb

mit einer Morseeinrichtung
arbeitet, durch Einführung
des typendruckenden Schnelltelegraphen, die pro Zeitein-
heit übermittelte Wörterzahl
auf das Doppelte erhöhen
kann (s. Seider). Die genannten wesentlichen Vorteile
gegenüber den anderen Einrichtungen stempeln den

Siemens-Schnelltelegraphen zu dem gegebenen Schnelltelegraphen-System verkehrsreicher Großstationen überhaupt. Bild 43 zeigt den gedruckten Streifen.

Jede der angegebenen Schnelltelegraphen - Einrichtungen bedeutet gegen dem bisher üblichen direkten Hörempfang auf jeden Fall eine bedeutende Steigerung der Stationsleistung. Die Anschaffungskosten können dabei kaum ins Gewicht fallen, denn es ist durch eine einfache Rentabilitätsrechnung leicht zu erweisen, daß die Einführung einer Schnelltelegraphen-Einrichtung durch ihren Betrieb zu einer außerordentlich schnellen Amortisation ihres Anlagekapitals führt.

In folgender Tabelle sind die Empfangsleistungen der einzelnen Systeme zusammengestellt:

Empfangs-systeme	Empfangs-geschwindig keit in Buch-staben p. M.	Erforderliche Empfangsenergie hinter dem Verstärker in Hörbarkeit	Art der Wieder-gabe
individueller Hörempfang	bis zu 150	300	Hör-empfang
Phonograph	„ „ 600	3000-12000	Hör-empfang
Telegraphon	„ „ 600	3000-12000	Hör-empfang
Schnellmorse	„ „ 600	12000	Morse-schrift
Schnell-telegraph	„ „ 1200	12000	Typen-druck

Bild 42.   S & H-Schnelltelegraph, Empfängerseite

Bild 43.   Der mit dem Siemens-Schnelltelegraphen gedruckte Streifen, entsprechend dem Lochstreifen Bild 26

Anlage 2: Über die Qualitäten ungedämpfter Sender (Bogen, Maschine oder Röhre), von Dr. Graf Arco
Quelle: TELEFUNKEN-Zeitung, IV. Jg., Nr. 22, März 1921, S. 5–8

Über die Qualitäten ungedämpfter Sender
(Bogen, Maschine oder Röhre)
Von Dr. Graf Arco

Aus der Periode der Funkensender ist man noch gewohnt, die Reichweite eines Senders allein nach seiner Strahlungsleistung zu beurteilen und nicht die Qualitäten seiner Energieform, welche sich für den Empfänger als erhöhte Selektion geltend macht, in Rechnung zu stellen. Dies ist in der heutigen Entwicklungsphase nicht mehr zulässig. Die Intensität des Empfangs, insofern sie durch einen Akkumulierungsvorgang der Schwingungsenergie über eine bestimmte Zeit gegeben ist, und auch die Selektion gegenüber Störungen aller Art muß mit als Grundlage für Entfernungsleistungen eines Senders gewertet werden.

Von den drei Methoden, welche heute zur Erzeugung ungedämpfter Schwingungen zur Verfügung stehen: Maschine, Bogen und Röhre, ist augenblicklich die Maschinenerzeugung in einer Phase der Entwicklung, welche die Erfüllung der notwendigen Bedingungen in bezug auf Wellenkonstanz als in kurzem bevorstehend erwarten läßt, während die Röhre die Konstanz heute schon erfüllt. Nur der Bogen muß in dieser Beziehung als hoffnungslos bezeichnet werden.

Für eine bestimmte Entfernungsleistung und unter Berücksichtigung der notwendigen Störungsfreiheit des Empfängers ist heute also nicht mehr die einfache Strahlungsleistung des ungedämpften Senders maßgebend, sondern es müssen gewisse Forderungen in bezug auf die Beschaffenheit seiner Energieform erfüllt

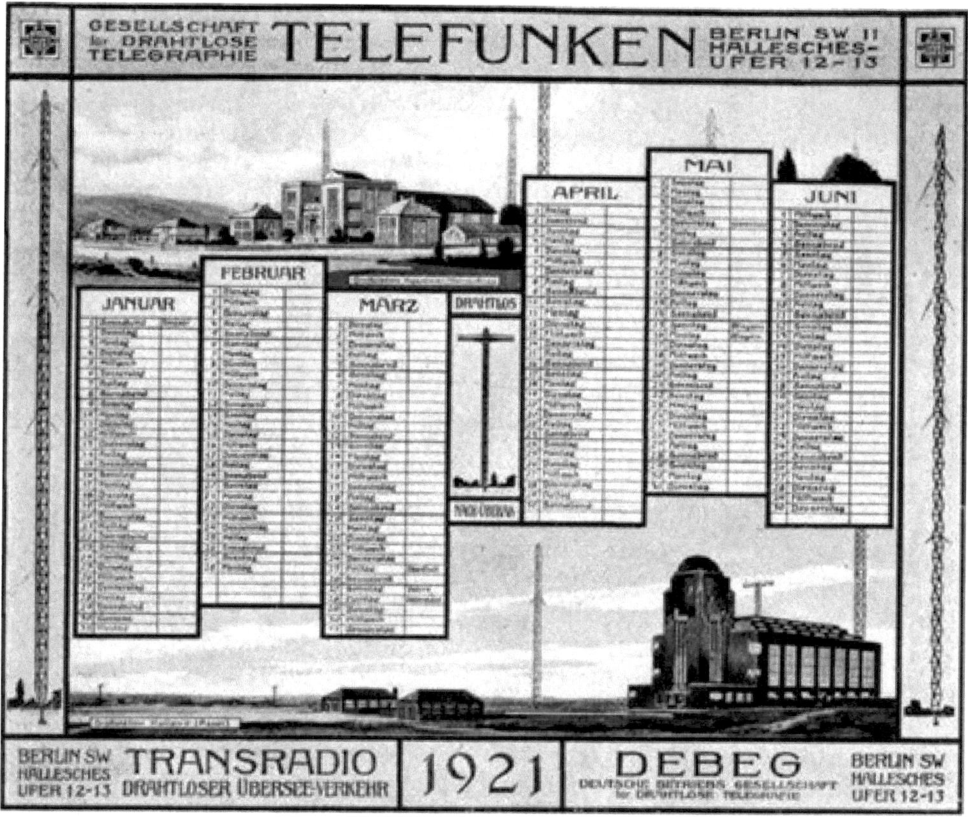

Bild 4.   Verkleinerte Wiedergabe unseres in Mehrfarbendruck ausgeführten Wandkalenders*) (1. Halbjahr)

sein. Während die besten Wellenmesser, welche auf dem Resonanzprinzip beruhen, es höchstens ermöglichen, die Welle eines Senders auf $^1/_{10}$ Prozent genau zu messen und daher auf Wellenschwankungen von weniger als $^1/_{10}$ Prozent nicht reagieren, werden heute an der Empfangsstelle elektrische Bedingungen ausgenutzt, die weit über dieses Genauigkeitsmaß hinausgreifen.

*) „Auf dem mit einigen künstlerischen Abbildungen der zuletzt ausgeführten und entworfenen Stationen für den Weltverkehr ausgestatteten Wandkalender nimmt die im Bau befindliche Station in Assel (Kootwijk) für den niederländisch-indischen Verkehr eine hervorragende Stelle ein. Der Farbendruck gibt ein gutes Bild von dem Eindruck, den das große Sendergebäude, umringt von hohen Türmen, mitten in der Einsamkeit des Kootwijk'schen Sandes machen wird". (Aus „Radio-Nieuws", 1. Januar 1921.)

Die Empfangskreise sind durch Dämpfungsreduktion, praktisch gesprochen, ungedämpft gemacht. Die Akkumulierung der Sendeenergie kann über 1000 Wellenzüge zeitlich ausgedehnt werden. $^1/_{10}$ Prozent Wellenschwankung hebt aber den Akkumulierungsvorgang schon nach 100 Schwingungen auf. Eine außerordentliche Konstanz der Sendefrequenz muß dafür verlangt werden. Ganz ähnlich sind die Bedingungen für den Empfänger von dem Gesichtspunkte erhöhter Selektion aus. Durch Kompensationsantennen in Verbindung mit einer Rahmenantenne (cardioide Feldform) ist die Empfindlichkeit gegen die Schwankung der Sendefrequenz noch erhöht. Solche Empfänger haben aber den Vorteil, daß große Teile des Raumes und damit auch die Störungen in diesem Teil des Raumes vollkommen abgeblendet sind. Die Kompensation tritt jedoch nur solange ein, als der Sender die bestimmte Frequenz, für welche die Kompensation besteht, innehält. Ein gleiches Erfordernis der Konstanz ist durch die moderne mehrstufige Ueberlagerung gegeben, wobei ganz scharfe Abstimmungen auch für die durch Schwebung erzeugten Zwischenfrequenzen gefordert werden. Durch diese Maßnahmen wird — konstante Frequenz vorausgesetzt — gleichzeitig die Selektion und die Verstärkungsmöglichkeit des Empfängers gesteigert. Die Zwischenfrequenzen reagieren, weil sie durch Schwebungsvorgänge gewonnen sind, außerordentlich stark auf die geringste Wellenänderung des Senders.

Während nun die Frequenzen eines Röhrensenders so gleichmäßig sind, daß man sogar bei ganz langsamen Schwebungen von beispielsweise 10 pro Sekunde, durch Zählen nachweisen kann, daß in jeder Sekunde gleichmäßig nur 10 Impulse auftreten, ist die Konstanz bei einem Lichtbogenerzeuger so

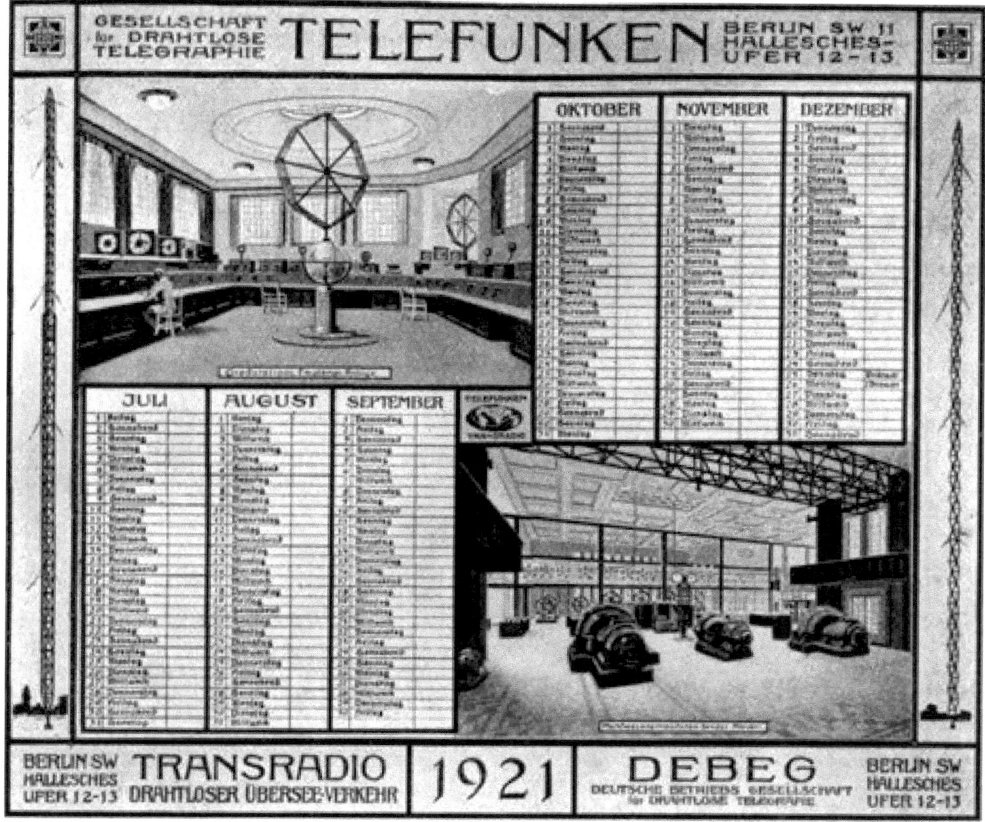

Bild 5. Verkleinerte Wiedergabe unseres in Mehrfarbendruck ausgeführten Wandkalenders (2. Halbjahr)

schlecht, daß selbst schon Schwebungstöne von einigen Hundert in der Sekunde kaum noch einen Toncharakter haben.

Hiernach müßte also an den Lichtbogen nicht mehr die Forderung gestellt werden, daß seine Frequenz, wie sie mit dem Wellenmesser oder mit einer anderen empfindlichen Resonanzmethode bestimmt wird, sehr viel konstanter wird, als dies bis heute erreicht ist, sondern er müßte jetzt die neuen Forderungen erfüllen, daß bei der gegebenen Frequenz die einzelnen Amplituden zeitlich und ihrer Stärke nach so regelmäßig folgen, daß Schwebungstöne bis zu einer abzählbaren Frequenz erhalten werden können und daß außerdem dieser Zustand konstant bleibt. Eine solche Konstanz wird aber kaum jemals mit einem Lichtbogengenerator erzielt werden können. Aus diesem Grunde kann bei ihm für die gleiche Antennenleistung auch nicht die gleiche Entfernungs- und Telegraphierleistung vorausgesetzt werden, wie beim Maschinen- oder Röhren-Generator.

Praktisch ist die Unterlegenheit des Lichtbogens für eine gegebene Leistung im Verhältnis zur Hochfrequenzmaschine wiederholt festgestellt worden, so z. B. hier bei Telefunken durch Herrn Dr. Esau (Annapolis zu Marion), ferner aber auch von der Marconi-Gesellschaft in England, und schließlich durch einen chilenischen Hochschulprofessor in Lima, der sehr genaue Vergleichsmessungen zwischen Annapolis und Marion gemacht hat. Dabei ist die Station Annapolis eine der besten Bogenlampenstationen, die heute im Betriebe sind, und arbeitet mit der für den Bogen besonders günstigen Bedingung einer außergewöhnlich langen Welle von 17 km. Bei diesen Messungen hat sich ergeben, daß gleiche Empfangslautstärke und gleiche Störungsfreiheit wie bei der Maschine, mit dem Lichtbogen sich nur dann ergeben, wenn der *Lichtbogen mit dreifacher Strahlungsleistung* arbeitet. Da nun aber die Maschine heute noch zwei- bis dreifach größere Schwankungen hat als die Röhre, so darf man annehmen, daß im Vergleich mit der Röhre der Lichtbogen nur dann gleich guten Empfang gibt, wenn er *zehnfache Sendeleistung* ausstrahlt.

Die Entwicklung der Empfänger geht zweifellos weiter in dieser Richtung der fortschreitenden Energieakkumulierung und Selektion, um mit kleineren Sendeleistungen auskommen zu können. Daher werden sich die eben genannten Verhältniszahlen in Zukunft noch wesentlich günstiger für die Röhre und ungünstiger für den Lichtbogen gestalten.

Die bisher zu Ungunsten des Röhrensenders stark ins Gewicht fallenden größeren Betriebsunkosten durch Röhrenverbrauch werden in Zukunft durch Anwendung geringerer Fadentemperaturen und dadurch erzielter längerer Lebensdauer beträchtlich verkleinert werden können. Jedenfalls sprechen die an eine moderne Anlage zu stellenden Forderungen an Wellenkonstanz und Selektionsfähigkeit bei Stationen mittlerer Größe schon heute ebenso für den Röhrensender und gegen den Lichtbogen, wie bei Großstationen das Urteil für die Maschine und gegen die Bogenlampe in Fachkreisen seit längerer Zeit festgelegt ist.

Anlage 3: TELEFUNKEN-Marconi Code A.-G.
Quelle: TELEFUNKEN-Zeitung, IV. Jg., Nr. 22, März 1921, Seite 42

TELEFUNKEN-ZEITUNG

Telefunken-Marconi Code A.-G.

Notizen in der Tagespresse haben schon von der Gründung der „Telefunken-Marconi Code Akt.-Ges." berichtet: Wie der Name sagt, ist die Deutsche Gesellschaft für drahtlose Telegraphie m. b. H., „Telefunken" daran beteiligt, außerdem das Bankhaus Bleichröder, die Firma Rud. Mosse und Carl J. Busch &. Co. m. b. H. Die Verbindung der neuen Gesellschaft mit dem englischen Marconi und dem deutschen Telefunken-Konzern, die beide als führend auf dem Gebiete des Weltfunkverkehrs bekannt sind, beruht auf einem Vertrage, welcher der neuen Gesellschaft das Recht zum Druck und Vertrieb des „Marconi Codes" für Deutschland, die Länder der früheren österreichisch-ungarischen Monarchie und andere Länder gibt.

Dieser Marconi Code ist ein ganz neuartiges und zweifellos sehr bedeutungsvolles Mittel zur internationalen Nachrichtenübermittlung auf telegraphischem Wege. Er ist in neun Sprachen (englisch, französisch, spanisch, russisch, deutsch, holländisch, portugiesisch, italienisch und japanisch) abgefaßt und zwar in der Weise, daß die Sentenzen und Ausdrücke sich allen diesen Sprachen genau anpassen. Damit ist die Möglichkeit telegraphischer Verständigung ohne Kenntnis fremder Sprachen gegeben. Ein in deutscher Sprache aufgesetztes Telegramm kann von dem Empfänger in Japan in japanisch, von dem Spanier in spanisch usw. gelesen werden.

Daneben hat der Code andere Vorteile. Die Sentenzen sind so ausgewählt, daß sie wirklich

das enthalten, was im geschäftlichen Verkehr
vorkommt und gebraucht wird. Außerdem enthält der Code einen Anhang, in welchem Maß-
, Gewichts- und Wertangaben mit den dazu
gehörigen gebräuchlichsten Phrasen ganz
knapp zusammengefaßt sind, so daß in einem
Codewort eine vollkommene Offerte z. B. mit
Preis, Gewichtsangabe und Lieferzeit gemacht
werden kann, wodurch eine wesentliche Ver-
einfachung und Verbilligung des Telegramm-
verkehrs erreicht wird. Der allgemeine Teil
des Codes ist so eingerichtet, daß immer zwei
Sentenzen oder Ausdrücke zu einem Codewort
zusammengefaßt werden.

Bei der bevorstehenden Erhöhung der Te-
legrammgebühren wird die Geschäftswelt den
neuen Code schon deswegen begrüßen, weil
durch ihn eine sehr erhebliche Ersparnis an
Telegrammkosten ermöglicht wird.

Im Auslande sind schon viele Tausende des
neuen Codes abgesetzt worden und der „Marconi Code" wird zweifellos in kurzer Zeit der
internationale Standard Code sein, dessen sich
jeder Geschäftsmann bedienen wird. Damit
füllt der neue Code eine Lücke, deren Vor-
handensein im internationalen Verkehr immer
störend empfunden wurde. Es gibt schon eine
Unzahl von verschiedenen Codes, aber es gab
bis jetzt keinen Telegraphenschlüssel, der zu
wirklich universellem Gebrauch geeignet gewesen wäre, wie das bei dem „Telefunken-
Marconi Code" der Fall ist.

11. Namensregister

12. Sachregister

13. Literatur

Behrbalk, Dr. Erhard, *Ein Jubiläum ohne Jubilar*, Backnanger Kreiszeitung ‚Unsere Heimat' vom Mai 2003, Nummer 2

Berghaus, Erwin, *Propeller überm Paradies*, 1934

Doetsch, Carl W. H., *Kamina und das Los der Togogefangenen*, TELEFUNKEN-Zeitung Nr. 19, Jahrgang IV, Februar 1920

ders., *Die Großstation Malabar-Radio auf Java*, TELEFUNKEN-Zeitung Nr. 40/41, Jahrgang VII, Oktober 1925

Dornig, W., *Der Hochfrquenz-Maschinen-Sender Nauen*, TELEFUNKEN-Zeitung Nr. 17, August 1919, S. 65–74

Graaff, Jürgen, *Historische Senderliste*, private Zusammenstellung

Herbst, Wilhelm, *Bergantennen: Herzogstand (Bayern) und Malabar (Java)*, 2014

Hirsch, R., *Die Großstation Kootwijk*, TELEFUNKEN-Zeitung Nr. 30, Jahrgang V, April 1923, S. 47–60

Klein-Ahrendt, Reinhard; Sebald, Peter, *Kamina, Des Kaisers Großfunkstation in Afrika – TELEFUNKEN in der deutschen Kolonie Togo, 1911–1914*, 2013

Kurz, Peter, *Das Marconi-Patent*, 2021 (Ein Historischer Technikthriller, ein Roman, der weitgehend auf historischen Tatsachen basiert)

Moens, K., *Großstationsbau und javanischer Aberglaube*, TELEFUNKEN-Zeitung Nr. 29, Jahrgang V, Januar 1923, S. 37–39

Neumann, H., Oberingenieur, Niederschrift *TELEFUNKEN in Niederländisch-Indien*, vom 7. November 1935 (zur Verfügung gestellt von Jürgen Graaff)

TELEFUNKEN-Zeitung Nr. 22, IV. Jahrgang, März 1921, Verschiedene interessante Berichte

Zenneck, Jonathan, *Lehrbuch der drahtlosen Telegrafie*, 1913

Weitere Bücher des Autors in Deutsch

Horst H. Geerken
Der Ruf des Geckos. 18 erlebnisreiche Jahre in Indonesien
436 Seiten, Paperback, Norderstedt 2009, € 24,90

Horst H. Geerken
Missbrauchte Kindheit. Geboren im Jahr von Hitlers Machtergreifung
240 Seiten, Norderstedt 2011, € 16,90

Horst H. Geerken
Hitlers Griff nach Asien. Eine Dokumentation, Band 1
380 Seiten, Paperback, Norderstedt 2015, € 27,95

Horst H. Geerken
Hitlers Griff nach Asien. Eine Dokumentation, Band 2
432 Seiten, Paperback, Norderstedt 2015, € 27,95

Horst H. Geerken
Hitlers Griff nach Asien. Eine Dokumentation, Band 3
436 Seiten, Paperback, Norderstedt 2020, € 27,95

Horst H. Geerken
Hitlers Griff nach Asien. Eine Dokumentation, Band 4
348 Seiten, Paperback, Norderstedt 2020, € 30,99

Horst H. Geerken
Erinnerung an Annette. Der letzte Weg einer außergewöhnlichen und tapferen Frau
148 Seiten, Paperback, Norderstedt 2015, € 14,99

Horst H. Geerken
Annettes letzte Reise. Die ungewöhnliche Reise einer außergewöhnlichen Frau
80 Seiten, Paperback, Norderstedt 2016, € 9,95

Horst H. Geerken
Die Ahnen. Eine Familiengeschichte in Wort und Bild. Geerken/Gerken – Thiel – Mannhardt – Schenk
516 Seiten, Hardcover, Norderstedt 2018, € 98,99

Horst H. Geerken
Eine Balinesin in Deutschland und ein Deutscher auf Bali
183 Seiten, Paperback, Norderstedt 2019, € 17,99

Horst H. Geerken
Das Gold der Bandas: Die Geschichte der Muskatnuss. Der verhängnisvolle Schatz der vergessenen Inseln, die einst Weltgeschichte schrieben
436 Seiten, Paperback, Norderstedt 2020, € 29,90

Horst H. Geerken
Bibliographie deutscher Literatur über Niederländisch-Indien/Indonesien von 1930 bis 1945
36 Seiten, Paperback, Norderstedt 2021, € 6,99

Horst H. Geerken
Ein ‚Bule‘ in Indonesien: Kleine Geschichten aus dem Archipel, mit einem Hauch von Erotik
332 Seiten, Paperback, Norderstedt 2021, 19,99 €

Annette Bräker, Horst H. Geerken
Indonesien Gestern und Heute. Reiseberichte der anderen Art
316 Seiten, Paperback, Norderstedt 2016, € 19,95

Annette Bräker, Horst H. Geerken
Der Karakorum-Highway und das Hunzatal, 1998: Geschichte, Kultur und Erlebnisse
244 Seiten, Paperback, Norderstedt 2016, € 19,95

Piet Jonasson (Hrsg. Horst H. Geerken)
Die Tote am Blutturm. Schatten über dem Schützenfest
192 Seiten, Paperback, Norderstedt 2010, € 11,90

Piet Jonasson (Hrsg. Horst H. Geerken)
Glaube? Sitte? Heimat? Pecunia non olet!
256 Seiten, Paperback, Norderstedt 2013, € 14,95

Weitere Bücher des Autors in Englisch

Horst H. Geerken
A Gecko for Luck. 18 years in Indonesia
392 Seiten, Paperback, Norderstedt 2010, € 24,95

Horst H. Geerken
A Magic Gecko. CIA's Role Behind the Fall of Soekarno
360 Seiten, Paperback, Jakarta 2011, ISBN 978-979-709-554-3, IRP 150.000,00
Horst H. Geerken

Hitler's Asian Adventure
572 Seiten, Paperback, Norderstedt 2015, € 27,95

Horst H. Geerken
My Ancestors. A Family History in Words and Pictures. Geerken/Gerken – Thiel – Mannhardt – Schenk
508 Seiten, Paperback, Norderstedt 2020, € 75,99;
Hardcover: € 92,99

Horst H. Geerken
The Gold of the Bandas: The History of the Nutmeg. The forgotten islands that once made world history
424 Seiten, Paperback, Norderstedt, 2021, € 29,90

Annette Bräker, Horst H Geerken
The Karakoram Highway and the Hunza Valley, 1998: History, Culture, Experiences
232 Seiten, Paperback, Norderstedt 2017, € 19,95

Annette Bräker, Horst H. Geerken
Indonesia Then and Now. A Different Kind of Travel Book
300 Seiten, Paperback, Norderstedt 2018, € 19,95

Weitere Bücher des Autors in Bahasa Indonesia

Horst H. Geerken
A Magic Gecko. Peran CIA di Balik Jatuhnya Soekarno
498 Seiten, Paperback, Jakarta 2011, ISBN 978-979-709-555-0, IRP 85 000,00

Horst H. Geerken
Jejak Hitler di Indonesia
402 Seiten, Paperback, Jakarta 2017, ISBN 978-602-412-175-4, IRP 119 000,00

Annette Bräker, Horst H. Geerken
Indonesia Then and Now. A Different Kind of Travel Book
Eine Übersetzung in Bahasa Indonesia ist in Bearbeitung. Voraussichtlicher Erscheinungstermin: 2022

Alle deutsch- und englischsprachigen Bücher können portofrei beim Verlag unter dem folgenden Link bestellt werden:
https://www.bod.de/buchshop/catalogsearch/result/?q=horst+h.+geerken

Alle deutsch- und englischsprachigen Titel sind auch im Buchhandel erhältlich. Auch in über 1000 Online-Shops können meine deutschsprachigen Bücher z.B. bei www.amazon.de oder www.hugendubel.de/Bücher oder www.thalia.de bestellt werden.

Die englischsprachigen Bücher können über www.amazon.com und viele weitere Online-Shops bezogen werden.

Sämtliche Bücher sind auch als E-Book/Kindle Edition erhältlich.

In Indonesien verlegte Bücher erhält man nur dort in allen GRAMEDIA Buchhandlungen oder beim Verlag über www.buku.kompas.com oder www.gramedia.com

A BukitCinta Book

Pressestimmen zu Büchern von Horst H. Geerken:

Der 85jährige Stuttgarter Horst Geerken erforscht die Geschichte der legendären Inselgruppe der Bandas. … Höchstwahrscheinlich hat niemand so viele Bücher über Indonesien geschrieben wie Horst Geerken. Und er schreibt fleißig weiter. … Horst Geerken will in seinem Buch die Geschichte der Muskatnuss und der einstmals glücklichen Menschen für die Nachwelt erhalten.

    (zu: Das Gold der Bandas, *Stuttgarter Zeitung*, 31. Januar 2019, Bericht von Gunter Haug)

Das Buch ‚Hitlers Griff nach Asien‘, das erst kürzlich auf Deutsch veröffentlicht wurde, enthält viele Fakten und Erkenntnisse über die Aktivitäten Deutschlands während des Zweiten Weltkriegs in Indonesien, die bis heute nicht bekannt waren. … Das Buch von Geerken ist ein entscheidender Beitrag zur Geschichte Indonesiens.

    (zu: Hitlers Griff nach Asien, *Magazin TEMPO*, Jakarta, 17. Mai 2015, Ausschnitte aus dem 10 Seiten langen Bericht von Sri Pudyastuti Baumeister, frei übersetzt aus der Bahasa Indonesia)

I gained from the background Geerken provided to the history and politics of Indonesia, both preceding his time there and as it actually happened during his stay. Geerken delves into the Dutch colonial history of Indonesia to understand the impetus it gave to Indonesia‘s declaration of independence in 1945 and its future trajectory. *The Dutch Past* is a frightening story of the profit-motivated power that the Dutch East Indies Company wielded over the conomy and the people of Indonesia.

    (zu: A Gecko for Luck, *Wombat News,* Sydney, Australia, März 2012)

To the reader of ‘A Gecko for Luck’ the distress radio call send by the Chogyal [King] of Sikkim to Horst Geerken shows a true picture of that scenario where the Chogyal tried his best to gather last minute help to save his kingdom.

    (zu: A Gecko for Luck, *Sikkim Express,* Gangtok, Sikkim, November 21st, 2010)

Von Interesse für den niederländischen Leser sind vor allem die zahlreichen Passagen über das koloniale Terrorregime und die blutige Antwort auf die indonesischen Unabhängigkeitsbestrebungen.

    (zu: Der Ruf des Geckos, übersetzt aus *Vrij Nederland,* Amsterdam, 1. August 2009)